DNA의 거의 모든 과학

지속가능한 세상을 위한 청소년 시리즈 06

DNA의 거의 모든 과학

초판 1쇄	2023년 10월 4일
초판 2쇄	2024년 10월 2일

지은이	전방욱

편집	김영미
본문 그림	소소한일상
디자인	design KAZ
제작	공간

펴낸곳	이상북스
출판등록	제313-2009-7호(2009년 1월 13일)
주소	10546 경기도 고양시 덕양구 향기로 30, 106-1004
전화번호	02-6082-2562
팩스	02-3144-2562
이메일	klaff@hanmail.net

ISBN	979-11-980260-4-0 (43470)

DNA의 거의 모든 과학

생명의 시작부터 인류의 미래까지

전방욱 지음

이상북스

첫눈에 널 알아보게 됐어

서롤 불러왔던 것처럼

내 혈관 속 DNA가 말해 줘

내가 찾아 헤매던 너라는 걸

우리가 좋아하는 K-팝 그룹 방탄소년단이 〈DNA〉라는 노래를 불러 히트할 정도로 DNA는 과학을 넘어 문화적 상징이 되었습니다. 이제는 거의 모든 사람이 DNA가 생명에서 본질적으로 중요한 유전물질이라는 것을 잘 알고 있죠.

그러나 과학의 역사를 살펴보면 DNA가 처음부터 이런 대접을 받은 것은 아니었습니다. 처음 추출되었을 때는 별 대수롭지 않은 물질로 취급받았어요. 그 뒤 80년이 넘어서야 비로소 DNA는 유전물질로서 지위를 획득하게 됩니다.

그리고 70여 년 전 이중나선구조가 밝혀지고 나서 DNA는 분자생물학의 새로운 시대를 열었습니다. 이에 따라 복제, 전사, 번역 등 과학 과정이 밝혀지고, 클로닝, PCR, 염기서열 결정, 크리스퍼 유전자가위 등 관련 기술도 비약적으로 발전했죠. 이런 기술의 발전은 유전공학과 인간게놈프로젝트를 통해 인류의 삶을 획기적으로 바꾸어 놓고 있어요. 어떤 사람들은 DNA를 '읽는 것'을 넘어서서 DNA '다시 쓰기'를 계획하고 있기도 하고요.

DNA 기술은 위력적인 동시에 사용하는 데 상당한 책임감을 요구합니다. 우리는 이런 시대에 어떤 이성과 감성을 가지고 DNA를 바라보아야 할까요? 그래서 이 책에서는 DNA에 관한 과학 내용과 고민을 함께 담고자 노력했습니다. 이 책을 읽어 가면서 여러분이 DNA를 더 잘 알게 되고 DNA에 관한 생각도 더 깊게 하게 되면 좋겠습니다.

2023년 9월

여러분과 DNA를 99.9% 공유하는

전방욱 드림

DNA(Deoxyribo Nucleic Acid)

디옥시리보핵산. 모든 생물체의 기본적인 유전물질로 당과 인산, 그리고 네 종류의 염기로 구성된 뉴클레오티드 nucleotide라는 기본 단위가 결합한 이중나선구조의 고분자화합물이다. 고분자는 많은 작은 분자들로 이루어진 분자량 1만 이상인 큰 분자를 가리킨다. 이 책을 통해 DNA에 대해 더 많은 내용을 차근차근 알아 보자.

9장 —— 사람의 DNA는 특별할까?

10장 —— 모든 것은 DNA에서 시작된다

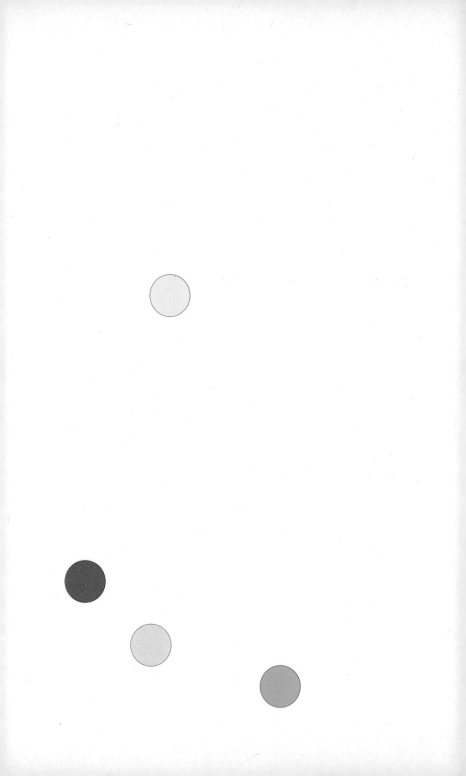

1장

DNA란
무엇인가

DNA 추출하기

이 모든 이야기는 DNA의 추출에서부터 시작됩니다. 그러니 우리도 DNA를 추출하는 방법을 먼저 알아보도록 할까요? DNA가 머리 속에서만 맴도는 분자가 아니라 눈으로 직접 확인할 수 있고 심지어 만져 볼 수도 있는 물질이라는 걸 실감할 수 있을 거예요.

DNA를 추출하는 실험이라니, 거창할 것 같지만 사실 그렇게 어렵지 않습니다. 화학실험은 요리를 하는 것과 비슷해요. 필요한 준비물과 재료를 사용하고 정확한 비율과 시간을 맞추면 맛 좋은 요리를 만들 수 있는 것처럼 화학실험에서도 그렇게 하면 바람직한 실험 결과를 얻을 수 있습니다. 그럼 집에서도 쉽게 구할 수 있는 준비물을 가지고 DNA 추출 실험을 해 봅시다.

우선 준비물을 챙겨 볼게요. 투명한 플라스틱 컵 두 개, 지퍼백 한 개, 커피 필터 한 장, 핀셋 한 개가 필요합니다. 그리고 DNA를 추출하기 위한 재료로 딸기 두 개, 식기용 세제, 소금 한 술, 물 반 컵, 냉각시킨 소독용 알코올 반 컵을 준비하세요. 딸기가 없다면 손으로 쉽게 뭉갤 수 있는 바나나 같은 재료도 좋습니다.

먼저 컵에 식기용 세제 두 술, 소금 한 술, 물 반 컵을 넣어 'DNA추출용액'을 만듭니다. 지퍼백에 딸기 두 개를 넣고 손가락으로 짓이긴 다음 'DNA추출용액' 두 술을 넣고 지퍼백을 잠그고 몇 분 동안 잘 섞습니다. 그러면 딸기의 세포벽이 부서지면서 DNA가 세포 밖으로 흘러나오게 됩니다. 이 딸기 혼합액을 다른 투명한 컵에 잘 따릅니다. 그런 다음 컵의 가장자리를 따라 소독용 알코올을 동일한 양이 될 때까지 천천히 흘려 넣습니다. 이때 섞거나 젓지는 말아야 합니다. 그러면 혼합액의 위쪽에 희뿌연 층이 생겨요. 컵을 천천히 기울여 핀셋으로 이 층을 집어 볼 수도 있죠. 마치 가래처럼 끈적끈적한 실타래와 같은 것이 따라 나올 거예요. 이것이 바로 DNA입니다.

DNA 화학의 시대

1869년 프리드리히 미셔 Friedrich Miescher 라는 스위스의 과학자도 비슷한 방식으로 DNA를 추출했을 것입니다. 당시에는 실험실 환경이 지금 여러분 집의 부엌보다 열악했겠죠. 예를 들어, 냉장고도 없었을 테니 추운 조건에서 실험을 하려면 한겨울에 창문을 모두 열어 놓아야 했을 거예요. 이런 환경에서 실험하여 훌륭한 업적을 남긴 과학자들을 존경하지 않을 수 없습니다.

미셔는 튀빙겐대학교 병원에서 환자의 붕대를 얻어와 거기에 묻은 고름을 가지고 연구했어요. 고름에는 상처에 감염된 세균과 싸우느라 환자가 분비한 백혈구 세포가 가득했지요. 미셔는 백혈구의 핵에서 새로운 단백질을 찾으려고 했습니다.

그는 더러운 붕대에서 고름을 조심스럽게 떼 내어 시트를 통해 걸러 낸 다음 차가운 소금용액에 넣어 2주 동안 방치했습니다. 손상되지 않은 백혈구의 침전물을 충분히 얻을 때까지 이 일을 반복했죠.

백혈구의 침전물이 충분해졌을 때 미셔는 침전물에 약한 산을 부어 세포를 분해했습니다. 그리고 단백질 소화효소가 풍부하다고 알려진 돼지의 위액을 첨가해 단백질을 제거한 후 핵을 얻었어요. 여기에 알칼리를 첨가하자 핵은 노란색으로 용해했고, 산을 첨가했더니 회색 침전물이 생겼습니다.

미셔는 침전물을 충분히 모은 다음 성분 분석을 시도했어요. 침전물 중 일부 시료를 따로 떼 내어 무게를 잰 다음 태우고 남은 재의 무게를 측정하는 식이었죠. 그러자 예상하지 못한 결과가 나타났습니다. 침전물에는 탄소, 수소, 질소, 산소 이외에 단백질에 들어 있어야 할 황 대신 인이 잔뜩 들어 있었습니다. 또 이 물질은 이제까지 밝혀진 어떤 화합물과도 닮지 않았죠. 그래서 미셔는 핵 ^{nucleus} 에서 유래한 이 화합물에 뉴클레인^{nuclein}이라는 이름을 붙였습니다.

미셔의 뉴클레인 발견은 생화학 분야의 발전에 엄청나게 중요한 공헌을 했어요. 그리고 DNA와 RNA를 포함한 핵산 연구의 바탕이 되었습니다. 하지만 미셔는 뉴클레인을 그다지 중요하게 생각하지 않았고, 생물체 내에서 어떤 역할을 하는지도 깨닫지 못했어요. 이후 독일의 생물학자들이 핵산이 구아닌^{Guanine}, 아데닌^{Adenine}, 시토신^{Cytosine}, 티민^{Thymine}, 우라실^{Uracil}이라는 다섯 가지 염기를 가지고 있다는 사실을 밝혀냈습니다.

20세기 초 30년 동안 DNA를 연구했던 피버스 레빈^{Phoebus Levene}은 핵산이 두 가지 형태, 즉 구아닌·아데닌·시토신·티민을 염기로 갖는 DNA와 티민이 우라실로 대체된 RNA로 존재한다는 사실을 입증했습니다. 그는 네 개의 염기^{G, A, C, T}가 직접 사슬로 연결되어 있지 않고, 당과 인산염으로 이루어진 뼈대에 연결되었다는 사실도 발견했어요(그림 1). 이때 당이 디옥시리보스였기 때문에 디옥시리보핵산^{DNA}이라고 이름을 붙였고요.

핵산(nucleic acid)
유전정보의 저장과 전달 및 발현을 위해 특화된 뉴클레오티드로 이루어진 생체고분자^{biopolymer} 물질. DNA와 RNA는 핵산에 속한다.

레빈은 DNA가 G, A, C, T의 반복 단위로 구성된 매우 긴 사슬이라고 주장했습니다. 그의 주장이 맞다면 이는 DNA가 유전물질로서 많은 정보를 담을 수 없음을 의미했습니다. 레빈은 당대의 뛰어난 과학자였기 때문에 대부분의 사람은 그의 말을 따랐죠. 그래서 그런지 1940년에 이르러 염색체에 DNA가 존재한다는 데는 대부분의 과학자가 동의했지만 DNA를 유전물질로 생각하는 과학자는 없었습니다. 그들은 유전자가 단백질로 구성되어 있다는 잘못된 가정을 하고 있었어요. 왜냐하면 스무 가지 종류의 아미노산으로 구성된 단백질보다 네 가지 종류의 염기로 구성된 DNA는 너무 단순해서 유전암호가 될 수 없다고 생각했기 때문이에요.

1940년대 후반 또 다른 위대한 생화학자 어윈 샤가프 Erwin Chargaff 가 DNA를 연구했습니다. 그는 네 종류의 염기가 단순하게 반복되는 4단위 구조(그림 1)가 아니라 매우 가변적이라는 사실을 발견했어요. 정보가 바로 거기 담겨 있는 것이고요. 이는 박테리아와 바이러스에 대한 실험에서 DNA가 유전물질로 확인된 것과 거의 동시에 이루어졌습니다. 그리고 샤가프는 얼마 지나지 않아 그 중요성을 충분히 인식하게 된 또 다른 발견을 했죠. 그것은 조사한 생물의 종마다 염기 비율이 독특하며, A와 T의 양이 같고 G와 C의 양이 같다는 사실이었습니다.

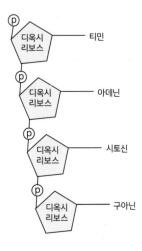

그림 1. 레빈이 1910년대 말 제안한 4단위 DNA 구조.

DNA가 유전물질이다

최근 코로나바이러스감염증-19로 많은 사람이 고통을 겪었듯이, 100년 전에는 스페인독감이 세계 전역을 휩쓸어 많은 사람이 폐렴에 감염되고 사망했습니다. 프레더릭 그리피스Frederick Griffith는 이 전염병을 치료하면서 폐렴의 악성 형질形質(겉으로 드러나는 생물의 특성)이 어떻게 사라지는지에 대해 관심을 가졌습니다. 그는 환자의 침에 여러 가지 유형의 폐렴균이 혼합된 것을 발견했어요. 한명의 환자가 여러 유형의 폐렴균에 동시에 감염된 것은 아니라는 것을 직감했죠. 그는 그 대신 감염된 환자의 몸속에서 폐렴균이 한 유형에서 다른 유형으로 바뀐다고 믿었습니다. 이런 생각은 폐렴균의 유형이 고정되어 있다는 기존의 생각과는 완전히 다른 것이었어요.

그리피스는 매끈한 표면을 가진 폐렴균(S형)과 거친 표면을 가진 폐렴균(R형)을 발견했습니다. S형은 당으로 된 껍질을 가졌기 때문에 표면이 매끈하고 면역세포의 공격에도 잘 견딜 수 있었어요. 결과적으로 악성 폐렴을 일으켜 이 폐렴균에 감염되면 심하게 앓거나 죽게 되죠. 반면에 R형은 껍질이 없기 때문에 면역세포의 공격에 취약해서 이 폐렴균에 감염된다고 해도 별로 해를 받지 않습니다.

1927년 그리피스는 무해하지만 살아 있는 R형 폐렴균과 열처리하여 죽은 S형 폐렴균을 섞어 배양한 후 생쥐에게 주사하는 실험을 했습니다. 혼합물에는 살아 있는 악성 S형 폐렴균이 없었기 때문에 실험 후 생쥐는 당연히 살아남을 것이라고 예상했죠. 그러나 예상과 달리 생쥐는 죽어 버렸습니다. 그리고 더 놀랍게도 죽게 된 생쥐의 몸속에서 살아 있는 S형 폐렴균이 발견되었어요(그림 2). 살아 있는 R형 폐렴균을 열을 가해 죽인 S형 폐렴균과 섞자 S형 폐렴균으로 바뀌었고, 그 결과 독성이 나타나 생쥐가 죽게 된 것이죠. 주의 깊게 진행한 일련의 실험을 통해 그리피스는 이러한 결과를

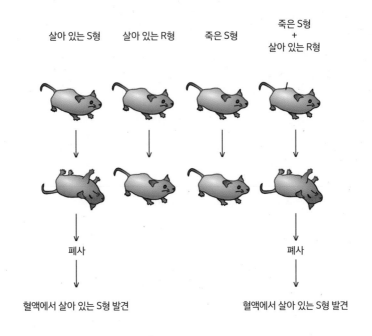

살아 있는 S형　　　살아 있는 R형　　　죽은 S형　　　죽은 S형
　　　　　　　　　　　　　　　　　　　　　　　　　　　+
　　　　　　　　　　　　　　　　　　　　　　　　살아 있는 R형

폐사　　　　　　　　　　　　　　　　　　폐사

혈액에서 살아 있는 S형 발견　　　　혈액에서 살아 있는 S형 발견

그림 2. 그리피스의 생쥐에 대한 폐렴균 실험.

재확인했습니다.

　　그리피스는 열로 사멸한 S형 박테리아가 살아 있는 R형 박테리아를 어떻게든 살아 있는 S형 박테리아로 변형시켜 독성이 강하고 질병을 일으킬 수 있게 만들었다는 가설을 세웠습니다. 그리고 이 현상을 '형질전환'이라고 불렀습니다. 그리피스는 정확한 변형 메커니즘을 알지 못했지만, 그의 실험은 유전물질의 본질과 생물체

간에 유전물질이 전달되는 메커니즘에 대한 연구의 토대를 마련했죠. 그리고 10여 년 후 수행된 에이버리-맥레오드-맥카티 실험은 그리피스의 연구를 바탕으로 하여 DNA가 변형을 일으키고 한 세대에서 다음 세대로 형질을 전달하는 유전물질이라는 최초의 결정적 증거를 제공했습니다.

이 실험에서 과학자 오즈월드 에이버리Oswald Avery, 콜린 맥레오드Colin MacLeod, 맥클린 맥카티Maclyn McCarty는 죽은 S형 박테리아에서 형질전환을 일으키는 물질의 화학적 성질을 알아내기 위해 애썼습니다. 연구진은 S형 박테리아에서 DNA를 추출해 R형 박테리아에 첨가하자 R형 박테리아도 S형 박테리아처럼 껍질을 생성하고 표면이 매끄러워지는 것을 발견했어요. 이는 표면이 매끄러운 형질을 담당하는 유전정보가 DNA에 의해 전달되었음을 시사하죠. 또 단백질을 파괴하는 효소로 DNA를 처리했을 때도 R형 박테리아를 S형 박테리아로 형질전환시키는 능력에는 영향을 끼치지 않았어요. 이는 그때까지 생각해 왔던 단백질이 아니라 DNA가 유전 형질을 전달하는 중요한 요소임을 나타내는 것이었습니다.

에이버리-맥레오드-맥카티 실험은 DNA가 유전정보를 전달하는 매개체라는 사실을 입증했으며, 생물체의 특성 또는 형질을 변화시킬 수 있는 능력이 DNA에 있음을 보여 주었습니다. 이 실험은 유전물질을 이해하는 데 중요한 전기를 마련했고 이후 분자유전학 분야의 발견을 위한 토대를 마련했어요. 더 나아가 유전질환을 치료하고 삶의 질을 향상시킬 수 있는 큰 잠재력을 지닌 유전자 치료 및 유전공학을 포함한 다양한 연구의 길을 열었습니다.

DNA의 구조 발견

DNA가 유전물질이라는 사실이 밝혀지자 그 구조를 밝히려는 사람들이 서로 경쟁하기 시작했습니다. 그 당시에는 구조가 기능을 더 잘 알려준다는 믿음이 있었기 때문이에요.

과학자들은 이 구조를 어떻게 파악했을까요? 이 발견의 핵심에는 X-선 결정학이라는 새로운 기술이 자리하고 있습니다. 벽에 상들리에 그림자가 비친 것을 본 적 있을 거예요. 이와 마찬가지로 X-선을 분자의 결정에 비추면 결정의 원자와 상호작용하여 다른 방향으로 산란하는 X-선은 사진 필름이나 검출기에 반점 패턴을 만듭니다. 이 패턴들로부터 바로 구조를 알 수는 없어요. 원자와 원자 사이의 거리와 각도를 분석하는 복잡한 수학 계산을 해야 하죠.

1950년대 초 로잘린드 프랭클린Rosalind Franklin이라는 영국 과학자는 X-선 결정학을 사용해 DNA 결정 사진을 찍었습니다. 이 사진이 DNA 연구 역사에서 가장 유명한 '51번 사진'이에요. 매우 높은

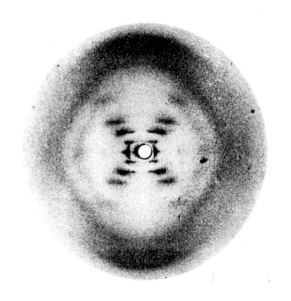

그림 3. 프랭클린이 찍은 51번 DNA 결정 사진.

해상도로 촬영한 '51번 사진'(그림 3)에는 DNA가 나선형임을 암시하는 반점 패턴이 뚜렷하게 나타났습니다.

프랭클린은 1950년대 초 킹스칼리지 런던에서 모리스 윌킨스 Maurice Wilkins 와 함께 X-선의 회절 패턴으로부터 DNA 분자의 모양을 알아내는 연구를 수행했습니다. 그러나 프랭클린과 윌킨스의 관계는 순탄하지 않았고, 두 사람은 효과적으로 협력하지 못했죠. 윌킨스는 프랭클린의 동의 없이 이 사진을 잠재적 경쟁자인 제임스 왓슨 James Watson 과 프랜시스 크릭 Francis Crick 에게 몰래 보여 주었어요. 왓슨과 크릭은 '51번 사진'과 프랭클린의 계산을 통해 DNA의 구조를

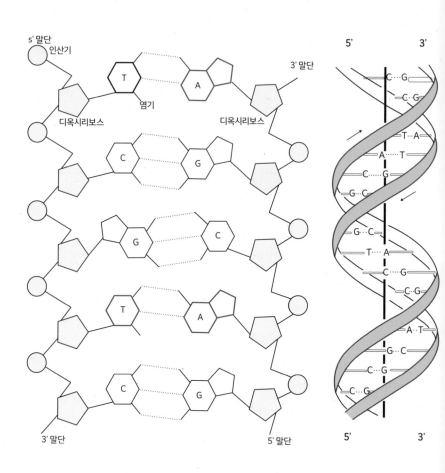

그림 4. DNA 이중나선의 모식도. 수소결합에 의해
상보적인 염기가 연결된 당-인산 골격 구조임을 알 수 있다.

새로운 방식으로 이해할 수 있었고요. 그들은 X-선 패턴을 통해 분자가 두 개의 긴 가닥이 서로 꼬여 있는 이중 나선이라는 것을 깨달았습니다. 이러한 통찰력은 DNA 구조의 모델을 구축하는 데 매우 중요한 역할을 했죠.

왓슨과 크릭은 프랭클린의 정보와 다른 과학자들의 데이터를 사용해 DNA 구조의 퍼즐을 맞춰 나갔습니다. 이들은 금속 막대와 공을 사용해 이중 나선의 물리적 모델을 만들어 분자를 3차원으로 시각화하는 데 도움을 받았어요. 이들의 발견(그림 4)은 1953년 〈네이처〉Nature에 게재되었고, 20세기 가장 중요한 과학적 성과 중 하나로 널리 알려져 있습니다.

1962년 왓슨, 크릭, 윌킨스는 "핵산의 분자 구조와 생물체의 정보 전달에 대한 중요성을 발견한 공로"로 노벨생리의학상을 공동 수상했습니다. 로잘린드 프랭클린이 발견한 DNA 결정 사진의 중요성은 제대로 언급되지 않았죠. 하지만 많은 사람이 그녀가 수상자에 포함되어야 한다고 생각했어요. 그러나 이미 프랭클린은 1958년에 난소암으로 세상을 떠났고, 노벨상은 사후에는 수여되지 않기 때문에 DNA 구조 발견에서 프랭클린이 기여한 공로는 제대로 인정받지 못했습니다. 다행히 최근에는 DNA 구조 발견에서 프랭클린의 역할에 대한 인식이 높아지면서 과학계에서 다양한 방식으로 그녀의 공헌을 기리고 있습니다.

+++

1970년까지만 해도 DNA를 사용해 세포를 안정적으로 변형시키는 것은 매우 어려웠습니다. 이런 실험은 그리피스와 에이버리가 사용했던 박테리아를 포함한 일부 종에서만 가능했죠. 그러던 중 과학자들은 추가된 DNA를 세포가 흡수하지 못하는 이유가 세포 표면이 음전하陰電荷를 띠고 있고 DNA도 마찬가지기 때문이라는 사실을 발견했습니다. 같은 전하를 띤 물체는 서로 밀어내기 때문에 DNA는 세포 표면에서 튕겨 나오는 것이죠.

이 문제를 해결하기 위해 세포와 DNA에 염을 첨가했습니다. 이렇게 하면 전하가 중화되어 세포는 주어진 DNA를 쉽게 흡수할 수 있어요. 이 간단한 방법으로 현대 생명공학의 모든 것이 가능해졌고 유전학 혁명이 일어났죠.

과학자들은 이 방법을 특허로 등록하지 않았기 때문에 과학자나 소속 대학 모두 이 발견에 대한 로열티royalty를 받지 못했습니다. 최초의 소아마비 백신을 만든 조너스 소크 Jonas Edward Salk 박사 역시 자신을 위한 것이 아니라 모든 사람을 위한 발견이라며 특허를 신청하지 않았고요.

그러나 오늘날 과학자들은 자신이 발견한 것에 대해 대부분 특허를 출원합니다. 그 이유는 무엇이라고 생각하나요?

　DNA의 이중나선구조 발견은 20세기에 이루어진 가장 중요한 과학적 성과 중 하나입니다. 그러나 이 발견이 다른 사람의 데이터를 몰래 훔쳐서 이루어졌다는 것은 씁쓸한 일이죠.

　DNA의 이중나선구조를 밝힌 1953년 〈네이처〉에 발표한 논문의 끝에는 논문에 기여한 사람들에게 감사를 표하는 난이 있었습니다. 왓슨과 크릭은 이곳에서 "우리는 킹스칼리지 런던의 윌킨스 박사와 프랭클린 박사 및 그 공동 연구원들의 미발표 실험 자료와 해석에 힘입은 바 크다"라고 모호하게 프랭클린 박사에게 감사를 표하고 있습니다. 왓슨과 크릭은 좀 더 명확하게 감사를 표했어야 하지 않을까요? 아니면 (정작 본인은 인식하지 못했지만) 결정적 자료를 마련해 준 프랭클린 박사와 공동 논문을 작성해야 하지 않았을까요?

　과학자들의 기여가 제대로 인정받지 못할 때 일어날 수 있는 여러 가지 문제점에 관해 이야기해 봅시다.

2장

DNA,
자세히 들여다보기

DNA가 유전물질이 되기 위한 조건

여러 개의 부품으로 된 장난감을 조립해 본 적이 있나요? 그때 어떤 부품을 어떤 순서로 조립해야 하는지 알려주는 설명서가 필요했을 거예요. 우리 몸과 모든 생물체에도 기능, 생장, 생식에 대한 유전정보를 포함하는 조립 설명서가 있답니다. 바로 DNA라는 생체고분자입니다.

DNA는 유전물질이 되기 위한 몇 가지 요구 사항을 충족시킵니다. 우선 유전물질은 많은 정보를 포함할 수 있어야 해요. 생물체는 많은 유전자를 가졌으며, 이러한 유전자는 DNA에 의해 암호화될 수 있고, 암호화되어 있죠. 이렇게 많은 정보를 담을 수 있는 분자는 DNA 이외에는 거의 없습니다.

또 유전물질은 오류 없이 복제될 수 있어야 합니다. 인간은 최소 10조 개의 세포를 가졌어요. 이 세포들은 수정란이라는 하나의 세포에서 나왔죠. 만약 복제에 많은 오류가 발생하고 그 오류가 지속된다면 어떤 결과가 초래될지 상상해 보세요. 곧 알게 되겠지만,

DNA 복제는 놀라울 정도로 정확합니다.

유전물질은 또 표현형으로 발현될 수 있어야 합니다. 유전자는 표현형에 대한 능력을 암호화하죠. 세포에서 DNA의 유전정보는 단백질이라는 표현형으로 발현됩니다. 물론 이 발현은 환경에 의해 변경될 수 있어요.

끝으로 유전물질은 변화할 수 있어야 합니다. 복제에 오류가 없어야 한다고 말했기 때문에 이 말은 이상하게 들릴 수 있습니다. 하지만 변이는 자연선택에 의한 진화의 원료예요. 따라서 유전자의 일부 오류는 여러 세대에 걸쳐 장기적으로 볼 때 좋을 수도 있죠. DNA에서는 돌연변이가 일어날 수 있습니다.

DNA를 화학적으로 설명하기

로잘린드 프랭클린 등에 의해 DNA의 이중나선구조가 밝혀지면서 우리는 DNA를 화학적으로 더 잘 설명할 수 있게 되었습니다. 화학은 일반적으로 학교에서 지루한 방식으로 가르치기 때문에 대부분의 비전공자가 기피하는 과목이죠. 하지만 화학은 실제로 보지 않고도 물질의 구조를 파악할 수 있다는 매력이 있습니다. 어렵게 느껴진다고 해서 화학을 빼놓고 DNA에 대해 이야기한다면 피상적인 설명에 그치고 말 거예요.

DNA는 디옥시리보핵산deoxyribo nucleic acid이라는 다소 어려운 이름의 약자이기 때문에 매우 유용하죠. '디옥시'는 산소 원자가 하나 적다는 의미고, '리보'는 리보스ribose라는 오각형 모양을 갖는 당(5탄당)의 줄임말입니다. 따라서 이름의 앞부분인 '디옥시리보'는 '산소 원자가 하나 빠진 리보스라는 당이 있다'는 것을 의미해요.

뒷부분인 '핵산'은 우리가 핵산이 실제로 무엇인지 알기도 전에 붙인 이름이에요. 핵에서 발견되는 약산성 물질이라서 그런 이름을 붙였죠. 약산성을 나타내는 이유는 인산기를 가졌기 때문인데, 인산기는 인 원자 한 개와 산소 원자 네 개로 이루어져 있습니다. 디옥시리보스와 인산은 DNA의 성분이지만, 실제로 중요한 기능을 담당하는 부분은 '염기'라고 할 수 있습니다. DNA 염기에는 아데닌(A), 티민(T), 구아닌(G), 시토신(C)이라는 네 종류가 있고요.

복제와 전사

디옥시리보스, 인산, 염기는 DNA의 기본 단위인 뉴클레오티드 nucleotide를 구성합니다. 이 뉴클레오티드들이 일렬로 연결되면 폴리뉴클레오티드polynucleotide가 되죠. 각 폴리뉴클레오티드는 개별 뉴클레오티드의 긴 가닥이에요. '폴리'poly라는 이름은 '많은'을 의미하므로 '폴리뉴클레오티드'는 '많은 뉴클레오티드'겠죠. 폴리뉴클레오티드는 당과 인산이 교대로 연결되어 바깥쪽 뼈대를 이루기 때문에 모든 DNA 분자의 폴리뉴클레오티드의 바깥쪽 뼈대는 동일합니다. 염기는 당과 연결되어 옆으로 노출되어 있고요. 길이를 따라 배열된 뉴클레오티드의 염기 순서(서열)가 유전정보를 담고 있습니다 (그림 5).

각 폴리뉴클레오티드에서 노출된 염기가 A는 T와, C는 G와 서로 결합하면서 염기쌍을 형성하며 두 가닥의 DNA 폴리뉴클레오티드가 결합하게 됩니다. 이렇게 염기쌍이 짝을 이루는 것을 설명하기 위해 '상보적'이라고 말합니다. 이 두 가닥 구조의 안정성은 질소 염기 사이에서 수소결합이 일어나기 때문인데, 이 수소결합은 평상시에는 두 가닥을 서로 붙잡을 만큼 강하지만 DNA의 복제나 전사가 일어날 때 두 가닥이 분리될 수 있을 정도로는 약해야 합니다.

또 염기쌍은 한 세대에서 다음 세대로 유전정보를 정확하게 전

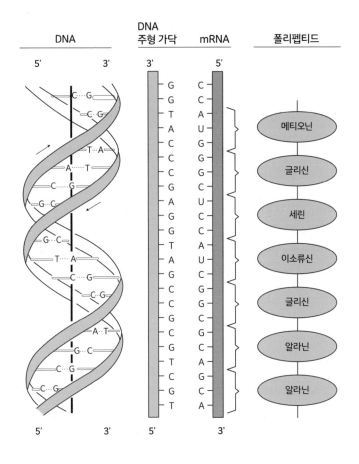

DNA	DNA 주형 가닥	mRNA	폴리펩티드

그림 5. DNA의 구조와 이에 대응하는 RNA 및 단백질.

달하는 데 필수예요. DNA 복제 과정에서 각 DNA 가닥은 새로운 상보적 가닥을 형성하기 위한 주형(원본) 역할을 하며, 염기쌍은 새로운 가닥이 원래의 가닥과 동일한 유전정보를 갖도록 보장합니다.

DNA를 지퍼로 비유하면 복제나 전사가 일어날 때 일어나는 일을 잘 이해할 수 있어요. DNA 분자는 사다리의 중간에서 지퍼가 열리면서 각 나선의 상보적인 염기 두 개가 분리되는데, 마치 지퍼가 열리면서 개별 이빨이 드러나는 것과 같습니다. DNA 지퍼는 지퍼처럼 한 번에 한 염기쌍씩 순서대로 열리면서 염기를 원래의 순서대로 노출시킵니다. DNA 지퍼가 열리면 복제나 전사와 관련된 효소가 염기서열을 정확하게 읽고서 짝을 이루는 염기를 갖는 뉴클레오티드를 순서에 따라 붙입니다. 각각의 지퍼 한쪽은 상보적인 지퍼 한쪽을 만듭니다.

이중나선 모양

DNA 분자가 물리적으로 어떻게 생겼는지 이해하기 위해 어린이 소방차 장난감에서 플라스틱 사다리를 활용해 볼까요? 플라스틱 사다리를 물에서 천천히 가열해 플라스틱이 휘어질 정도가 될 때까지 기다립니다. 이제 뜨거운 물에서 사다리를 꺼내 양손으로 양쪽 끝을 잡고 열 줄 길이마다 한 바퀴를 회전하도록 조심스럽게 비틀어 봅니다. 그대로 식히면 이중나선이 됩니다.

이처럼 이중나선 모양은 2차원의 사다리가 안정화되기 위해 중심축을 중심으로 꼬이면서 3차원 구조가 되어 완성됩니다. 전체 모양이 꼬이면서 나선형 계단과 같은 구조가 만들어지는 거죠. DNA의 이중나선구조는 분자에 안정성을 제공하고, 그 안에 저장된 유전정보를 보호하며, DNA 복제를 용이하게 하기 때문에 중요합니다. 그리고 이중나선구조는 유전에도 중요한 역할을 합니다. 세포가 분열하는 동안 DNA 분자는 복제되어 각각의 새로운 세포가 동일한 유전물질의 사본을 갖도록 해야 하죠. 이중나선구조는 두 가닥을 쉽게 분리할 수 있게 해 주고, 상보적인 염기쌍을 통해 각각의 새로운 가닥이 원본과 동일하도록 보장합니다.

생물의 DNA에 있는 나선은 표준 코르크 따개와 비슷하게 오른쪽으로 회전합니다. 와인병의 코르크 마개에 코르크 따개를 삽입하고 시계방향으로 비틀면 나사가 코르크 속으로 들어갑니다. 이 코르크 따개를 옆에서 보면 DNA가 오른쪽으로 회전하는 나선형을 쉽게 이해할 수 있어요. DNA는 다양한 비전문적인 신문이나 잡지의 기사, 소셜 미디어 등에서 그래픽 형태로 묘사되는 경우가 많습니다. 그런데 그래픽 디자이너는 정확한 DNA 나선의 방향에 신경을 쓰지 않기 때문에, DNA 이중나선 그래픽의 절반가량은 생물체에 존재하지 않는 왼쪽 나선으로 되어 있어요. 그 차이를 알고 나면 왼쪽 나선으로 그려진 그래픽은 잘못된 것임을 알 수 있죠(제가 지은 책《DNA 혁명, 크리스퍼 유전자가위》의 표지에서 나선의 방향이 잘못되었다고 알려주신 독자가 있어요. 멋진 분입니다!)

DNA는 어느 곳에 어떻게 있을까?

세포는 모든 생물체를 구성하는 생명의 기본 단위입니다. 세포는 생존에 필요한 모든 과정을 수행할 수 있는 가장 작은 생물체의 단위죠. 모든 생물체는 하나 이상의 세포로 구성되며, 세포는 다양한 모양과 크기로 존재합니다.

세포는 작은 크기에도 불구하고 다양한 기능을 수행하는 매우 복잡한 구조를 가질 수 있습니다. 세포는 세포막으로 둘러싸여 있으며, 세포막은 세포 내부와 외부 환경을 분리하죠. 세포는 세포막 이외에 내부의 막 구조를 갖지 않는 원핵세포와 내부의 막 구조를 갖는 진핵세포로 크게 구분할 수 있습니다. 특히 진핵세포의 내부에는 핵, 미토콘드리아, 리보솜과 같은 특정 기능을 수행하는 다양한 세포 소기관이 있습니다.

사람은 최소 10조 개의 세포로 이루어져 있는 것으로 추정되는데, 이는 엄청난 숫자입니다. 사람의 몸에는 다양한 유형의 세포가 있고, 각 세포는 특정한 기능을 갖도록 특화되어 있어요. 예를 들어 적혈구는 신체 조직에 산소를 운반하도록 특화되었고, 신경세포는 신체 전체에 전기적 신호를 전달하도록 특화되었습니다.

그런데 세포의 종류는 놀라울 정도로 다양한 반면 세포는 모두 DNA를 포함하고 있다는 공통점이 있죠. 각각 특화되어 있더라도 우리 몸의 모든 세포는 모든 것을 결정하는 DNA의 완전한 사본을 갖고 있습니다.

DNA는 세포에 있지만 원핵생물과 진핵생물이 DNA를 간수하는 방법은 약간 다릅니다. 또 세포 중에는 아주 드물게 적혈구와 같이 성숙하면서 핵을 잃어버리는 세포도 있고, 미토콘드리아와 엽록체와 같이 세포는 아니지만 핵이 들어 있는 세포 소기관도 있습니다.

원핵생물의 DNA

핵막을 갖지 않는 단순한 박테리아와 같은 생물체를 원핵생물이라고 했습니다. 원핵생물에서 염색체는 고리형의 이중가닥 분자인 DNA예요. 고리형 염색체는 막으로 둘러싸인 구획에 들어 있지 않고 세포질에 자유롭게 떠다니면서 한쪽이 세포막에 부착된 경우가 많죠. 원핵생물인 박테리아가 생존하고 번식하는 데 필요한 모든 유전정보는 이 하나의 DNA 분자에 담겨 있습니다. 이 염색체에

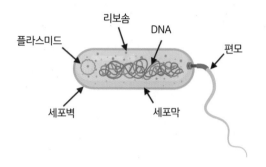

리보솜 DNA

플라스미드

편모

세포벽 세포막

그림 6. 박테리아의 구조. DNA와 플라스미드를 볼 수 있다.

는 세포에 필요한 다양한 단백질과 기타 분자를 암호화하는 유전
자가 포함되어 있으며, 세포가 기능을 수행할 수 있도록 DNA가 끊
임없이 복제되고 읽힙니다(그림 6).

박테리아는 이외에도 플라스미드라고 하는 작은 DNA 조각을
가질 수 있습니다. 플라스미드는 박테리아 세포 내에서 독자적으
로 증식할 수 있는 염색체 이외의 작은 고리형 DNA 분자예요. 박
테리아는 주변 환경에서 이런 DNA를 흡수하며, 때로는 이렇게 흡
수된 DNA 분자가 박테리아에 항생제 내성이나 특이한 영양소를

플라스미드(Plasmid)

박테리아의 세포질 내에 존재하는 염색체와 구별되는 DNA 분자. 플라스미
드는 염색체와 독립적으로 복제된다.

분해하는 능력과 같은 추가 기능을 제공하는 유전자를 갖는 경우가 있습니다. 예를 들어, 특정 항생제에 내성을 부여하는 플라스미드를 가진 박테리아가 항생제를 만나면 플라스미드 유전자가 작용해 항생제를 중화시키고, 그 결과 박테리아는 살아남게 됩니다. 그플라스미드가 없으면 항생제를 주사할 때 박테리아가 죽을 테고요.

히스톤에 감겨 있는 진핵생물의 DNA

DNA는 매우 가늘고 긴 분자입니다. 그 굵기는 2×10^{-9}미터로, 사람 머리카락 굵기의 10만 분의 1 정도입니다. 그래서 일반 광학 현미경으로는 볼 수 없고 빛보다 짧은 파장을 갖는 전자현미경을 사용해야 겨우 관찰할 수 있습니다. 그러나 굵기에 비해 길이는 엄청나게 긴 편이에요. 사람의 세포 하나에 들어 있는 DNA의 30억 염기쌍을 모두 연결하면 길이가 2미터에 이릅니다. 사람의 세포가 1×10^{13}개이니, 한 사람의 몸속에 들어 있는 DNA를 모두 연결하면 2×10^{13}미터가 됩니다. 지구와 태양을 무려 50번 왕복할 수 있는 길이죠. 이 놀라운 사실은 DNA가 지름이 10×10^{-6}미터 정도인 세포의 핵으로 들어가기 위해서는 아주 촘촘하게 포장되어야 한다는 점을 강조합니다.

노출된 DNA를 갖는 원핵생물과 달리 진핵생물은 혹시 있을지도 모르는 사고로부터 DNA를 보호하기 위해 핵막으로 둘러싸인 진정한 핵을 진화시켰어요. DNA를 작고 안전한 배열로 만들기 위한 첫 번째 단계는 바로 히스톤이라는 단백질로 감싸는 것이죠. 세포분열 이전에는 DNA가 히스톤에 감기지 않은 상태로 세포 핵에 느슨하게 분산되어 있지만, 세포분열이 시작되면 DNA가 이렇게 분산되어 있어서는 곤란합니다.

DNA가 히스톤에 단단하게 감겨 염색체 구조를 이루면 새로운 세포를 만들 때 길고 엉킨 DNA 가닥이 여기저기 흩어져 있는 것과 달리 훨씬 쉽게 분리할 수 있다는 장점이 있습니다. DNA는 실이 실타래를 감듯 히스톤이라는 단백질 주위를 반복해서 감습니다. 염색체를 만드는 다음 단계는 이 모든 히스톤을 매우 보기 좋은 나선형으로 서로 쌓아 올리는 것입니다. 이렇게 해서 세포의 작은 핵 안에 있는 DNA는 확장된 길이보다 약 1만 배 짧은 조밀한 구조로 포장됩니다.

세포분열

동식물에서 DNA는 여러 부분으로 나뉘고 각 부분은 히스톤을
감고 있는 DNA가 모여서 우리가 모두 알고 있는 염색체의 모양을
형성합니다. 염색체라는 이름은 현미경으로 세포를 더 잘 보기 위

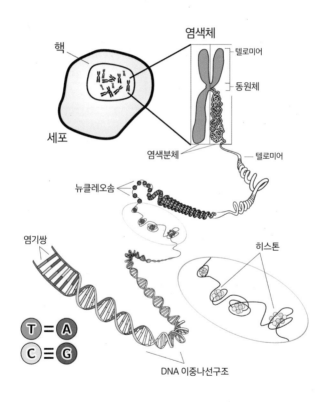

그림 7. 염색체와 DNA, 히스톤.

해 염료로 세포를 염색할 때 염료를 많이 흡수해서 관찰하기 쉽다는 사실에서 유래되었어요.

세포분열 과정에서 염색질은 염색체라고 하는 두꺼운 막대 모양의 구조로 더욱 응축되어 현미경으로 볼 수 있습니다. 각 염색체는 다양한 길이의 두 개의 짧은 팔과 두 개의 긴 팔을 가지고 있죠. 이 두 팔은 중앙에서 동원체로 연결되어 X 모양을 만듭니다. 실제로 이 염색체의 모양은 세포가 분열하기 직전 평소보다 DNA가 두 배나 많을 때의 모양입니다(그림 7).

세포분열 중에는 모든 DNA 분자가 복사되는 것이 중요합니다. 모든 분자는 세포 간에 고르게 분할되어야 하죠. 염색체는 이 과정의 핵심 부분이고요. 세포분열에는 여러 단계가 있으며, 각 단계마다 염색체 구조와 행동에 뚜렷한 특징이 나타납니다. 예를 들어 유사분열(체세포분열)에서는 염색체가 세포 중앙에 일렬로 늘어선 다음 두 개의 동일한 세트가 분리되어 두 개의 새로운 딸세포에 분배됩니다. 성세포를 생성하는 세포분열 과정인 감수분열(생식세포분열)에서는 염색체가 두 번의 분열을 거쳐 원래 세포의 염색체 수의 절반인 네 개의 딸세포가 생성되고요.

생물체마다 다른 염색체 수

생물체마다 염색체의 수는 크게 다를 수 있습니다. 그런데 염색체 수가 생물체의 복잡성이나 크기와 반드시 상관이 있는 것은 아니라는 점에 유의해야 합니다. 초파리는 4쌍, 쥐는 21쌍, 코끼리는 28쌍의 염색체를 갖는데 닭은 39쌍의 염색체를 갖습니다. 기니아피그는 32쌍, 침팬지는 24쌍입니다.

가까운 종에서도 염색체 수가 크게 차이 날 수 있어요. 불독개미는 단 한 쌍의 염색체를 갖는 데 비해 다른 개미들은 15쌍의 염색체를 갖습니다. 벼는 12쌍, 밀은 21쌍, 토마토는 24쌍의 염색체를 가지며 놀라울 정도로 많은 염색체를 가진 식물도 있습니다. 나도고사리삼 속의 식물은 이제까지 생물체 중에서 가장 많다고 알려진 631쌍의 염색체를 갖습니다. 북미의 나비인 아틀라스블루버터플라이는 동물 중에서 가장 많은 226쌍의 염색체를 갖습니다.

사람은 체세포마다 23쌍의 염색체를 가지고 있습니다. 각 쌍의 염색체 중 절반은 어머니로부터, 다른 절반은 아버지로부터 물려받습니다. 정자나 난자와 같은 성세포는 수정 후 서로 합쳐져야 하므로 절반의 염색체만 갖습니다. 각각의 성세포는 성을 결정하는 염색체를 갖는데, 난자는 X염색체만 갖습니다. 정자는 X 또는 Y 염색체를 갖고요.

정자와 난자가 생식 중에 결합하면 수정란이 만들어지고, 이 수정란은 23쌍의 전체 염색체 세트를 갖게 됩니다. 여성은 부모로부터 각각 하나씩 두 개의 X염색체를 물려받고, 남성은 어머니로부터 한 개의 X염색체를 아버지로부터 한 개의 Y염색체를 물려받습니다.

적혈구의 생성 과정과 수명

적혈구는 다른 세포와 조금 다른 점이 있어요. 적혈구에는 핵이 나 미토콘드리아 또는 리보솜과 같은 세포 소기관이 없습니다. 그래서 아주 독특하죠. 핵이 없다는 건 DNA가 없다는 뜻이고, DNA가 없으면 스스로 복제하거나 복구할 수 없습니다.

적혈구가 생성되는 과정에서 적혈구모세포라고 하는 미성숙 세포에는 핵과 기타 소기관이 포함되어 있습니다. 그러나 적혈구가 성숙하게 되면 핵과 세포 소기관이 없어지고 신체 조직으로 산소를 운반하는 기능을 하게 됩니다. 적혈구에 핵이 없으면 산소 수송을 담당하는 단백질인 헤모글로빈을 세포질에 더 많이 담을 수 있기 때문에 적혈구의 주요 기능을 더 효율적으로 수행할 수 있어요. 하지만 이 때문에 스스로 복구하거나 새로운 단백질을 생산할 수 없으며, 수명은 약 120일로 다른 세포에 비해 짧습니다.

모계 유전하는 미토콘드리아와 엽록체

세포에는 핵 염색체에 들어 있는 DNA 외에도 미토콘드리아와 엽록체라고 하는 세포 소기관에 소량의 DNA가 존재하는 경우가 있습니다. 동물의 세포는 미토콘드리아 DNA를 가지며, 녹색식물의 세포는 미토콘드리아 DNA뿐만 아니라 엽록체 DNA 조각도 추가로 가지고 있죠. 미토콘드리아와 엽록체는 단순한 <u>게놈</u>을 가진 단세포 원핵생물로 자유롭게 살다가 세포에 포획되어 각각 독특한 기능을 갖는 소기관으로 특화되어 진핵세포를 탄생시켰습니다.

미토콘드리아는 세포의 핵 외부 세포질에서 발견되는 소기관으로, 세포 활동에 필요한 대부분의 에너지를 생성하기 때문에 종종 "세포의 발전소"로 묘사됩니다. 미토콘드리아는 포도당과 같은 영양소를 세포가 사용할 수 있는 에너지 형태인 <u>ATP</u>로 바꿉니다. 인간을 만드는 데 필요한 거의 모든 세포질을 난자가 제공하기 때문에 미토콘드리아는 어머니로부터 유래합니다. 정자도 미토콘드리아를 가지고 있지만 난자와 만날 때 자신의 핵 DNA만을 난자에게 전달하고 미토콘드리아는 전달하지 않습니다.

게놈(genome)

유전자gene와 염색체chromosome를 합성해서 만든 용어. 한 생물이 가진 모든 유전정보를 뜻하며, 유전체라고도 한다.

ATP

생물체 내의 에너지 저장 화합물. 아데노신adenosine·3tri: three·인산 phosphate의 각 낱말 첫 글자만 따서 부르는 약어로, 아데닌, 리보스 및 네 개의 인산기로 이루어진다.

그러니 우리의 핵 DNA는 무작위로 부모에게서 각각 물려받은 것이지만 미토콘드리아 DNA는 모계를 통해서만 고스란히 전달됩니다. 나의 미토콘드리아 DNA와 어머니의 미토콘드리아 DNA의 차이는 매우 미미하며, 혹시 차이가 난다면 평생 축적된 무작위 돌연변이에서 비롯된 것이라고 할 수 있어요. 건강에 해로운 수준의 방사선에 노출되지 않는 한 거의 동일하죠. 어머니에게서 받은 최고의 선물이라고 할 수 있습니다.

미토콘드리아는 핵 DNA처럼 막대형 DNA가 아니라 작은 고리형 DNA를 가지고 있습니다. 미토콘드리아 DNA는 세포 소기관이 제대로 기능하는 데 필요한 일부 단백질을 암호화하죠. 그리고 미토콘드리아 DNA는 모계 조상을 추적하고 유골의 신원을 밝히는 데에도 사용됩니다.

미토콘드리아는 일반적으로 동물세포에 많은 반면 식물세포에는 적습니다. 미토콘드리아는 세포와 독립적으로 분열하고 복제할 수 있으므로 세포의 에너지 수요에 따라 그 수가 증가하거나 감소할 수 있어요. 미토콘드리아의 DNA가 손상되거나 돌연변이가 발생하면 미토콘드리아 장애가 발생합니다. 이로 인해 신체의 여러 장기에 영향을 미칠 수 있는 다양한 증상이 나타날 수 있어요.

식물에 있는 엽록체도 미토콘드리아와 유사한 방식으로 모계 유전합니다. 엽록체는 녹색식물과 일부 조류세포에서 발견되는 특

수 세포 소기관이에요. 엽록체는 빛 에너지를 포도당 형태의 화학 에너지로 전환하는 광합성 과정을 담당하죠. 그리고 엽록체에는 식물의 녹색을 담당하는 엽록소라는 녹색 색소가 포함되어 있어요.

엽록체는 식물세포의 핵에서 발견되는 DNA와는 다른 고유한 DNA를 가지고 있습니다. 엽록체의 DNA는 박테리아 DNA와 같이 원형이며, 엽록체가 작동하기 위해 필요한 일부 단백질을 암호화합니다. 엽록체와 그 DNA의 존재 덕분에 식물세포는 햇빛을 에너지로 변환하고 지구상의 모든 생명을 유지하는 식량을 생산할 수 있습니다.

3장

DNA가
하는 일

생물체가 살아가려면 세포를 증식해야 하는데 이때 핵 안의 DNA도 복제되어야 합니다. 핵 안의 DNA는 세포 내에서 일어나는 생명활동을 지시하는 정보를 담고 있지만 실제로 생명활동을 나타내려면 세포질에서 구조와 기능을 갖는 단백질을 만들어야 합니다.

DNA는 자신의 유전정보를 핵과 세포질을 가로지를 수 있는 mRNA를 통해 단백질로 전달합니다. 자연히 DNA에서 RNA로, 그리고 단백질로 유전정보의 흐름이 생겨나게 되죠. 이를 분자생물학의 '중심교리'라고 합니다.

분자생물학의 중심교리

프랜시스 크릭은 1958년 정보가 'DNA→ RNA→ 단백질'의 한 방향으로만 흐른다고 제안했습니다. 이를 '중심교리'central dogma 라고 해요. '복제'는 DNA를 복사하는 과정으로 어머니 이중나선이 딸 이중나선을 만드는 과정이에요. '전사'는 DNA의 정보가 mRNA messen-

프랜시스 크릭의 원안(1970년)

수정안

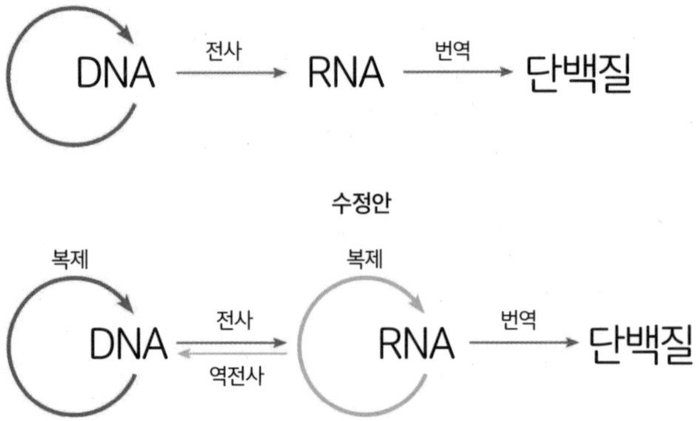

그림 8. 분자생물학의 중심교리.

ger RNA로 옮겨지는 과정이고, '번역'은 mRNA의 서열이 단백질을 구성하는 아미노산의 서열로 옮겨지는 과정입니다.

이 정보 전달은 방향성이 있습니다. 그래서 단백질에서 단백질로, 또는 단백질에서 핵산으로 정보가 전달될 수는 없어요. 그런데 나중에 RNA에서 DNA로 정보가 전달되는 역전사 과정이 발견되면서 전체 그림이 약간 수정되었습니다(그림 8).

매일 1000억 미터씩, 복제

우리 몸의 모든 세포에는 DNA의 완벽한 복사본이 들어 있습니다. 몸이 자랄 때와 손상되어 회복이 필요할 때 새로운 세포가 필요하죠.

피부세포를 예로 들어볼게요. 우리 몸은 끊임없이 더 많은 피부세포를 만들기 때문에 6주마다 완전히 새로운 피부세포로 덮이게 됩니다. 피부세포는 체세포 분열이라는 과정을 통해 스스로 증식하고 사본을 만드는 능력을 가지고 있어요. 모세포가 둘로 갈라지면 두 개의 새로운 딸세포가 만들어지는데 각각의 세포는 완벽한 DNA 세트를 갖게 됩니다. 이처럼 세포가 분열하기 전에 DNA 사본을 만드는 DNA 복제가 일어나야 합니다. 이는 각 딸세포가 유전물질의 완전한 사본을 받을 수 있도록 하는 기본적인 과정이에요.

예를 들어 아래 서열이 어떤 DNA 한 가닥의 염기서열이라고 가정해 봅시다.

T-A-C-C-C-G-A-G-G-T-A-G-C-C-G-C-G-T-C-G-T

마주 보는 가닥의 염기서열은 A와 T, G와 C가 서로 쌍을 이루므로(상보적이므로) 아래와 같이 되겠죠.

A-T-G-G-G-C-T-C-C-A-T-C-G-G-C-G-C-A-G-C-A

그리고 이중나선의 염기서열은 다음과 같을 것입니다.

T-A-C-C-C-G-A-G-G-T-A-G-C-C-G-C-G-T-C-G-T

A-T-G-G-G-C-T-C-C-A-T-C-G-G-C-G-C-A-G-C-A

복제 과정에서는 이 두 가닥이 풀어져서 각각의 가닥을 만들기 때문에 다음의 두 가닥이 만들어집니다. 원래 있던 가닥은 검은색으로 새로 생긴 가닥은 붉은색으로 표시했습니다.

T-A-C-C-C-G-A-G-G-T-A-G-C-C-G-C-G-T-C-G-T

A-T-G-G-G-C-T-C-C-A-T-C-G-G-C-G-C-A-G-C-A

T-A-C-C-C-G-A-G-G-T-A-G-C-C-G-C-G-T-C-G-T

A-T-G-G-G-C-T-C-C-A-T-C-G-G-C-G-C-A-G-C-A

즉 원래 이중나선의 각 가닥은 새로 만들어지는 가닥을 형성하기 위한 원본 역할을 합니다.

이처럼 세포분열이 일어나기 전에 핵에서 복제가 먼저 일어나 DNA가 두 배가 되어야 합니다.

원본을 주형으로 사용하면 염기를 정확하게 일치시킬 가능성이 훨씬 높아지고 오류를 줄일 수 있으므로 이것은 처음부터 사본을 만드는 것보다 영리한 방법이죠. 이런 과정을 통해 유전 형질은 한 세대 세포에서 다음 세대의 세포로 충실하게 전달됩니다. 하지만 항상 완벽한 것은 아닙니다. 99.99999%가 정확하더라도 전체 DNA 세트에 30억 쌍의 염기가 있기 때문에 약간의 오류가 발생할 가능성이 있죠.

다행히 DNA 복제 과정에는 고치는 기능도 있어서 새 DNA 가닥에 오류가 없는지 확인하는 데 도움이 됩니다. 오류가 감지되면 잘못된 뉴클레오티드를 제거하고 대체할 수 있어요.

DNA 중합효소(DNA 복제를 돕는 효소)는 초당 약 1,000개의 뉴클레오티드를 추가하지만 거의 오류가 없는 놀랍도록 정확한 과정입니다. 사람의 기준으로 보면 시속 480킬로미터의 속도로 고속도로를 달리는 자동차가 다른 자동차와 충돌하지 않고 교통체증으로 막힌 차들 사이를 빠져나가는 것과 같습니다. 매일 사람의 몸속에서는 복제 과정을 통해 무려 1000억 미터의 DNA가 만들어집니다.

mRNA 만들기, 전사

생명활동에 필요한 단백질을 만들 필요가 있을 때 DNA의 유전정보를 사용해야 하는데 DNA는 핵을 떠날 수가 없습니다. 그래서 DNA 암호의 일시적 복사본인 mRNA 분자가 만들어진 후 DNA의 지침을 전달하기 위해 핵을 떠나게 되는데, 이 과정을 전사라고 합니다.

이쯤 해서 DNA의 사촌 격인 RNA에 대해 공부해 봅시다. RNA는 리보핵산^{Ribo Nucleic Acid}의 약자예요. 산소가 없다는 의미의 '디옥시', D가 없죠. 당이 디옥시리보스가 아닌 산소를 하나 더 가지고 있는 리보스라는 점에서 차이가 있습니다. 산소 원자가 하나 더 있는 것을 제외하면 DNA와 기본 구조가 매우 유사하다고 할 수 있어요. 나머지 이름인 NA는 DNA에서 발견되는 것과 같은 핵산을 의미합니다.

진화과정에서 DNA인지 RNA인지를 구분하기 위해 DNA의 T 염기가 RNA에서 U(우라실)로 치환되었습니다. RNA는 여러 가지 종류가 있지만 여기서는 약자로 mRNA라고 불리는 메신저(심부름꾼) RNA에 대해서만 이야기할게요. DNA와 달리 mRNA는 한 가닥의 핵산으로 존재합니다.

DNA에는 두 가닥의 사슬이 있지만 그중 한 가닥만 전사가 될 수 있습니다. 앞서 예로 든 서열을 전사가 되는 어떤 DNA 한 가닥의 염기서열이라고 가정해 볼게요.

T-A-C-C-C-G-A-G-G-T-A-G-C-C-G-C-G-T-C-G-T

새로 전사되는 mRNA의 염기서열은 다음과 같이 되겠지요.

A-U-G-G-G-C-U-C-C-A-U-C-G-G-C-G-C-A-G-C-A

앞서 새로 복제된 DNA 사슬에서 T 염기가 U 염기로 바뀌었을 뿐 순서가 같다는 것에 주의하기 바랍니다. 이렇게 해서 복제된 DNA 사슬과 전사된 RNA 사슬은 구분될 수 있습니다.

DNA에는 여러 유전자가 들어 있어요. 이 유전자 중 일부가 세포로부터 전사를 개시하라는 신호를 받습니다. 개시 신호를 받게 되면 DNA 분자가 풀려서 염기 분자들로부터 새 복사본을 만들 수 있는 상태가 되어 mRNA가 만들어지기 시작합니다. 그리고 종결 신호(표 1. 참조)를 만나면 mRNA 가닥이 끝납니다. RNA 염기를 이용해 유전자 서열의 단일가닥 복사본이 만들어진 것이죠.

만들어진 mRNA는 세포질에서 사용되어야 하므로 mRNA는 핵공이라는 구멍을 통해 핵을 떠나게 됩니다. mRNA는 필요로 하는 단백질을 만든 다음 분해되고요. DNA는 암호 복사본이 만들어지면 원래 구조로 회복되어 정보를 보호합니다. DNA는 다시 원래의 이중나선구조로 되돌아갑니다.

표 1. 코돈과 대응하는 아미노산

mRNA 코돈	아미노산
GCU, GCC, GCA, GCG	Ala(알라닌)
CGU, CGC, CGA, CGG, AGA, AGG	Arg(아르기닌)
AAU, AAC	Asn(아스파라긴)
GAU, GAC	Asp(아스파르트산)
UGU, UGC	Cys(시스테인)
GAA, GAG	Glu(글루탐산)
CAA, CAG	Gln(글루타민)
GGU, GGC, GGA, GGG	Gly(글리신)
CAU, CAC	His(히스티딘)
AUU, AUC, AUA	Ile(이소류신)
UUA, UUG, CUU, CUC, CUA, CUG	Leu(류신)
AAA, AAG	Lys(라이신)
AUG	Met(메티오닌)
UUU, UUC	Phe(페닐알라닌)
CCU, CCC, CCA, CCG	Pro(프롤린)
UCU, UCC, UCA, UCG, AGU, AGC	Ser(세린)
ACU, ACC, ACA, ACG	Thr(트레오닌)
UGG	Trp(트립토판)
UAU, UAC	Tyr(티로신)
GUU, GUC, GUA, GUG	Val(발린)
AUG	개시 신호
UAA, UGA, UAG	종결 신호

단백질 만들기, 번역

염기는 네 종류인데 단백질의 단위인 아미노산의 종류는 스무 가지나 됩니다. 염기서열이 아미노산 서열을 지정한다고 생각한 초기부터 적어도 '잇단 세 자리의 염기'(코돈)가 아미노산 하나를 지정해야 한다고 추론했고, 이것은 사실로 드러났어요. 특정 아미노산과 결합한 RNA의 또 다른 종류인 tRNA^{transfer RNA}의 안티코돈이 코돈과 상보적인 쌍을 이루면서 아미노산들이 조립되면 목걸이의 구슬처럼 기다란 사슬이 만들어집니다. 여기서 tRNA는 mRNA와 단백질의 연결고리라고 할 수 있어요.

이 사슬은 접혀서 3차원적 구조를 갖는 단백질이 되어 세포 내에서 기능을 하게 됩니다. 단백질은 생화학 반응을 촉매하고, 구조적 지지대를 제공하며, 세포막을 가로질러 분자를 운반하는 등 다양한 세포 기능을 나타내는 필수적인 분자죠.

앞서 예로 든 mRNA의 서열에 상보적으로 결합하는 tRNA의 순서와 대응하는 아미노산은 다음과 같습니다.

A-U-G-G-G-C-U-C-C-A-U-C-G-G-C-G-C-A-G-C-A
U-A-C C-C-G A-G-G U-A-G C-C-G C-G-U C-G-U
(Met) – (Gly) – (Ser) – (Ile) – (Gly) – (Ala) – (Ala)

아미노산의 종류는 스무 가지고 세 자리의 염기 코돈이 만들 수 있는 가짓수는 64개이기 때문에 여러 개의 코돈이 한 개의 아미노산을 암호화할 수 있습니다. 그리고 코돈은 개시 신호와 종결 신호도 포함합니다(표 1. 참조).

요약해 볼까요. DNA는 뉴클레오티드로 구성된 큰 분자로, DNA의 유전정보를 이용하기 위해서는 RNA와 단백질 같은 다른 분자가 필요합니다. RNA는 단백질 합성에 중요하고, 단백질은 다양한 세포 기능에서 중요한 역할을 하죠. DNA와 RNA가 염기서열로 되어 있듯이 단백질은 아미노산의 서열을 가지고 있습니다. DNA와 RNA는 세 개의 잇단 염기가 하나의 정보 단위가 되는데, 단백질의 아미노산은 그 자체로 하나의 정보 단위라고 할 수 있어요. 따라서 세 개의 염기가 아미노산으로 번역되는 거라고 할 수 있죠.

DNA의 세 개 염기가 RNA의 세 개 염기로 전사되고, 이것이 다시 단백질의 한 개 아미노산으로 번역되는 정보의 흐름이 일어나고, 이것을 분자생물학의 중심교리라고 합니다.

4장

돌연변이는
오류일까?

돌연변이는 DNA의 복제 과정에서 발생한 오류입니다. 대개 돌연변이는 단백질의 구조와 기능에 거의 영향을 미치지 않는 방식으로 일어나지만, 특별한 경우에는 큰 영향을 미치거나 생물체의 경우 유전질환을 유발할 수 있어요. 우리는 돌연변이를 보통 부정적으로 이야기하지만, 만약 공통조상(종 분화 이전의 생물 집단을 가리키는 진화생물학 용어)에서 돌연변이가 나타나지 않았다면 지금과 같은 다양한 생물체는 만들어질 수 없었을 거예요.

돌연변이는 멘델Gregor Mendel의 유전학에서 설명하는 대립유전자를 생성합니다. 예를 들어 목이 긴 기린과 목이 짧은 기린과 같이 대립유전자가 표현형으로 나타나면, 종이 자연선택되는 요인이 된다고 진화론에서는 주장합니다. 따라서 DNA의 돌연변이를 살펴보는 것은 중요한 의미가 있죠. DNA의 돌연변이는 염기서열 한 개가

대립유전자

대립 형질을 지배하는 한 쌍의 유전자. 염색체 위의 같은 유전자 자리에 위치하며, 대개 우성과 열성 관계에 있다.

바뀌는 점돌연변이처럼 소규모로 일어날 수도 있고 염색체 이상처럼 대규모로 일어날 수도 있습니다. 물론 대규모의 돌연변이가 일어나면 생물체에 커다란 영향을 미치겠지만, 소규모의 돌연변이도 경우에 따라서는 큰 영향을 미칠 수 있어요. 사람의 경우에는 암과 같은 치명적 질환을 유발할 수 있고요.

DNA 염기 하나가 바뀌는, 점돌연변이

점돌연변이는 DNA 염기서열에서 염기쌍 하나가 바뀌거나(치환), 더해지거나(삽입), 사라져서(결실) 발생하는 유전자 돌연변이의 한 유형이에요. 이러한 돌연변이는 돌연변이가 발생하는 위치와 관련된 특정 뉴클레오티드 변화에 따라 유전자의 기능에 중대한 영향을 미칠 수 있습니다. 앞에서 예로 든 DNA를 계속 사용해 볼게요.

T-A-C-C-C-G-A-G-G-T-A-G-C-C-G-C-G-T-C-G-T

상보적인 mRNA는 아래와 같습니다.

A-U-G-G-G-C-U-C-C-A-U-C-G-G-C-G-C-A-G-C-A

이 mRNA가 세포 밖으로 나와 리보솜과 만나서 단백질을 만듭니다. 리보솜은 이를 세 조각씩 나누어 읽어요.

A-U-G G-G-C U-C-C A-U-C G-G-C G-C-A G-C-A
(Met) - (Gly) - (Ser) - (Ile) - (Gly) - (Ala) - (Ala)

원래의 DNA가 복제하는 과정에 오류가 발생해서 네 번째 자리의 염기가 C에서 G로 바뀌었다고 생각해 봅시다.

T-A-C-G-C-G-A-G-G-T-A-G-C-C-G-C-G-T-C-G-T

상보적인 mRNA는 아래와 같습니다.

A-U-G-C-G-C-U-C-C-A-U-C-G-G-C-G-C-A-G-C-A

이 mRNA가 세포 밖으로 나오면 리보솜과 만나 단백질을 만듭니다. 리보솜은 이를 세 조각으로 나누어 읽고요.

A-U-G C-G-C U-C-C A-U-C G-G-C G-C-A G-C-A

(Met) - (Arg) - (Ser) - (Ile) - (Gly) - (Ala) - (Ala)

이 경우에는 두 번째 아미노산이 글리신(Gly) 대신 아르기닌(Arg)으로 바뀝니다. 두 아미노산의 성질이 크게 다르기 때문에 이 아미노산 서열로부터 만들어지는 단백질의 구조와 기능은 원래의 것과 매우 달라지죠. 이런 종류의 돌연변이를 '미스센스 돌연변이'라고 합니다.

낭포성섬유증과 낫세포빈혈증

이런 종류의 점돌연변이는 낭포성섬유증과 같은 유전질환을 유발할 수 있습니다. 낭포성섬유증은 세포 안팎으로 염분과 수분을 운반하는 데 관여하는 단백질을 암호화하는 유전자의 돌연변이로 인해 발생합니다. 낭포성섬유증과 관련된 특정 점돌연변이는 이 단백질의 단일 아미노산을 변화시켜서 기능하지 않는 단백질을 생성해요. 이 이상으로 폐의 상피세포가 제대로 작동하지 못하며, 이로 인해 폐와 췌장 및 기타 장기의 표면이 점액으로 덮여 호흡기 감염, 소화기 문제 및 기타 합병증을 유발할 수 있습니다.

낫세포빈혈증은 적혈구에서 몸 전체에 산소를 운반하는 역할을 하는 헤모글로빈이라는 단백질을 만들도록 지시하는 헤모글로빈 B 사슬 유전자의 여섯 번째 아미노산을 지시하는 염기의 점돌연변이로 인해 발생하는 유전질환입니다. 낫세포빈혈증 돌연변이 사본이 두 개 있는 경우에는 헤모글로빈 단백질에 이상이 생겨서 적혈구가 둥글고 유연한 모양이 아니라 딱딱하고 끈적끈적한 낫 모양이 됩니다.

낫 모양의 세포는 혈관을 통해 원활하게 흐르지 못하고 조직과 장기로 가는 산소의 흐름을 방해할 수 있어요. 이로 인해 심한 통증, 피로, 감염, 심지어 장기 손상으로 이어질 수 있고요. 낫세포빈혈증은 완치할 수 없는 만성 질환이지만 통증 완화, 수혈, 골수 이식과 같은 치료를 받으면 호전될 수 있습니다.

흥미로운 사실은 낫세포빈혈증 돌연변이 사본 한 개와 건강한 사본 한 개가 있으면 치명적인 모기 매개 감염병인 말라리아로부터 보호받을 수 있다는 것입니다. 이러한 보호작용의 명확한 메커니즘은 완전히 밝혀지지 않았지만, 낫 모양의 적혈구가 내부에 있는 말라리아 기생충의 생활사를 방해하는 능력과 관련이 있는 것으로 추정됩니다. 그 결과 사하라사막 이남의 아프리카 등 말라리아가 유행하는 지역에서는 (돌연변이 유전자와 정상 유전자를 하나씩 가지고 있는) 낫세포빈혈증 형질이 다른 곳보다 더 흔합니다.

위에서 살펴본 바와 같이 어떤 점돌연변이는 유전자 기능에 영향을 미치지 않지만 다른 점돌연변이는 유전질환이나 암을 유발할 가능성을 높입니다. 점돌연변이는 DNA 복제 중 자연적으로 발생하거나 방사선이나 화학물질 같은 돌연변이 유발 물질에 노출되어 발생할 수도 있습니다. 전반적으로 점돌연변이는 개인의 건강과 '웰빙'에 중대한 영향을 미치는 일반적 유형의 유전적 돌연변이죠. 점돌연변이의 근본 메커니즘과 유전자 기능에 미치는 영향을 이해하는 것은 유전학과 분자생물학에서 중요한 연구 분야입니다.

침묵돌연변이와 중립돌연변이

그런데 어떤 경우에는 염기가 하나 바뀌어도 아미노산의 종류가 그대로 유지되기도 해요. 앞서 설명했듯이 여러 개의 코돈이 한 종류의 아미노산을 암호화할 수 있기 때문이에요. 원래의 DNA에서 여섯 번째 염기가 G에서 A로 바뀌었다고 생각해 볼게요.

T-A-C-C-A-A-G-G-T-A-G-C-C-G-C-G-T-C-G-T

상보적인 mRNA는 아래와 같습니다.

A-U-G-G-G-U-U-C-C-A-U-C-G-G-C-G-C-A-G-C-A

이 mRNA에서 만들어지는 아미노산 서열은 다음과 같겠죠.

A-U-G G-G-U U-C-C A-U-C G-G-C G-C-A G-C-A

(Met) – (Gly) – (Ser) – (Ile) – (Gly) – (Ala) – (Ala)

이와 같이 염기가 바뀌어도 같은 아미노산이 만들어지는 돌연
변이를 침묵돌연변이라고 합니다. 그런데 하나의 염기가 치환되어
도 경우에 따라서는 다른 아미노산이 만들어지기도 해요. 원래의
DNA에서 다섯 번째 염기가 C에서 G로 바뀌었다고 생각해 볼게요.

T-A-C-C-G-G-A-G-G-T-A-G-C-C-G-C-G-T-C-G-T

상보적인 mRNA는 아래와 같습니다.

A-U-G-G-C-C-U-C-C-A-U-C-G-G-C-G-C-A-G-C-A

이 mRNA에서 만들어지는 아미노산 서열은 다음과 같고요.

A-U-G G-C-C U-C-C A-U-C G-G-C G-C-A G-C-A

(Met) – (Ala) – (Ser) – (Ile) – (Gly) – (Ala) – (Ala)

이 경우에는 글리신(Gly) 대신 알라닌(Ala)이 만들어지지만 비

슷한 성질을 가진 아미노산이 만들어지기 때문에 단백질의 구조나 기능에 커다란 차이를 만들지 않게 되고 자연선택에 큰 영향을 미치지 않습니다. 이런 돌연변이를 중립돌연변이라고 해요

단백질을 암호화하는 유전자에 나타나는 침묵돌연변이와 중립돌연변이, 그리고 단백질을 암호화하지 않는 유전자에 나타나는 돌연변이는 형질에 커다란 변화를 일으키지 않으면서 게놈의 염기 서열에 차이를 만들어 낼 수 있습니다. 이런 돌연변이는 특별한 진화적 이점이 없는 한 시간의 경과에 따라 비례적으로 누적되죠.

그런데 원래의 DNA가 복제하는 도중에 오류가 발생해 네 번째 자리에 새로운 염기가 추가되었다고 생각해 봅시다.

T-A-C-T-C-C-G-A-G-G-T-A-G-C-C-G-C-G-T-C-G-T

mRNA는 크게 다르지 않아 보입니다.

A-U-G-A-G-G-C-U-C-C-A-U-C-G-G-C-G-C-A-G-C-A

하지만 코돈을 살펴보면 심각한 문제가 있습니다.

A-U-G A-G-G C-U-C C-A-U C-G-G C-G-C A-G-C A

(Met) - (Arg) - (Leu) - (His) - (Arg) - (Arg) - (Ser)

한 개의 염기가 끼어들었을 뿐인데 첫 번째 아미노산 이후의 모든 아미노산이 바뀐 비정상적인 단백질을 갖게 됩니다. 염기가 제거되거나 삽입되거나 아미노산 코돈 대신 중지 코돈으로 바뀌면 이처럼 심각한 결과를 초래할 수 있어요.

한 글자를 더하거나 빼는 것이 왜 그렇게 큰 차이를 만들까요? DNA 염기서열이 mRNA 한 가닥을 만드는 데 사용되고, 그 mRNA가 단백질을 만드는 데 사용될 때 코돈이라고 하는 세 개씩의 염기 분절로 읽힙니다. 여기에 글자를 하나 추가하면 그 뒤에 있는 모든 코돈이 망가져요. 이를 '프레임시프트 돌연변이'라고 합니다.

어떤 경우에는 아미노산 코돈이 중지 코돈으로 바뀌어 유전자를 완전히 망치게 되는데, 실제로 이런 종류의 돌연변이(난센스 돌연변이)는 이따금 일납니다. 헤모글로빈을 구성하는 베타글로빈 사슬을 만들 때 146개의 아미노산 사슬을 다 만들기 전에 미리 중지 코돈을 만나면 짧은 사슬을 만들게 됩니다. 그리고 정상 베타글로빈과 짝을 이루지 못한 과잉 알파 사슬은 적혈구 내에서 응집하거나 침전되어 세포에 손상을 입히고 적혈구 세포의 수명에 영향을 미치는 경향이 있죠. 이로 인해 빈혈이 발생하는데 이런 질환을 지중해성빈혈이라고 해요.

이처럼 미스센스 돌연변이, 프레임시프트 돌연변이, 난센스 돌연변이처럼 단백질의 구조와 기능에 심각한 영향을 미치는 경우, 배아가 제대로 발생하지 못하거나, 태어난 이후에도 이 유전질환을 적절하게 처치하지 않을 경우 환자는 성인이 될 때까지 살아남기 힘듭니다.

유전성 질환과 암을 유발하는, 염색체 이상

DNA 염기 하나가 바뀌는 점돌연변이보다 규모가 큰 여러 개의 DNA 염기가 바뀌는 염색체 수준의 돌연변이도 있습니다. 특정한 염기서열들이 염색체에서 사라지는 결실deletion, 염색체의 특정한 염기서열 부분이 반복되는 중복duplication, 염색체의 염기서열 일부가 떨어져 나가 다른 염색체에 붙는 전좌translocation, 염색체의 염기서열 일부가 떨어져 반대 방향으로 붙는 역위inversion 등 점돌연변이보다 규모가 큰 돌연변이 방식도 존재합니다.

또 여분의 상동 염색체를 갖거나 부족한 상동 염색체를 가져서 전체 염색체의 수가 달라지는 이수성을 나타내는 경우도 있지요. 염색체 수준의 돌연변이가 나타날 경우 혈우병이나 다운증후군 등 상당히 심각한 유전성 질환을 유발하기도 합니다.

이수성(異數性, aneuploidy)

한 세포 내 염색체의 수가 정확히 배수가 되지 않는 경우를 말한다. 인간은 46개의 염색체가 서로 짝을 이뤄 23쌍의 염색체를 가진다. 한 쌍의 염색체는 모계에서, 다른 한 쌍은 부계에서 유래한다. 1번부터 22번까지 총 22쌍의 염색체는 상염색체라고 불리며 번호는 염색체 크기의 순서다. 마지막 23번 염색체는 성염색체다. 이수성이란 이러한 정상적인 46개의 염색체를 가지지 못하고 45개나 47개를 가지게 되는 경우를 말한다.

유전성 질환 중 가장 흔하게 나타나며 잠복한 상태로 있다가 소모성 질환으로 발전하는 암은 다양한 유전자의 돌연변이로 인해 발생합니다. 암은 우리나라 사람의 사망원인 중 1위를 차지하는 치명적 질환이니 암 발생과 관련한 돌연변이에 대해 좀 더 알아보기로 하죠.

암과 돌연변이

암은 우선 세포 주기를 정상적으로 조절하는 유전자의 돌연변이로 인해 발생할 수 있습니다. 세포분열은 기존 세포에서 새로운 세포를 생성하는 정상적이고 필요한 과정이에요. 세포는 세포 주기 제어 시스템이라는 메커니즘을 통해 세포분열의 속도와 타이밍을 조절하죠. 하지만 세포에서는 때때로 세포 주기를 조절하는 유전자의 돌연변이가 발생합니다. 그 결과 통제 불능으로 자라는 체

세포 덩어리인 암세포가 생기고요.

또 일반적으로 세포분열을 억제하는 단백질을 암호화하는 종양억제유전자가 암의 발생에서 중요한 역할을 합니다. 이 종양억제유전자를 비활성화하는 돌연변이는 암을 일으킬 수 있습니다.

암을 유발할 수 있는 일부 돌연변이는 유전되거나 자연적으로 발생하기 때문에 예방할 수 없습니다. 건강한 사람도 암에 걸릴 수 있죠. 하지만 대부분의 암 사례는 암 발병을 촉진하는 환경 인자나 발암물질에 의해 발생합니다. 강한 햇볕 아래 오랫동안 노출되면 피부암에 걸릴 확률이 높아지죠. 최근에는 인공감미료로 쓰이는 아스파탐이 암을 일으킬 가능성이 있는 물질로 분류되기도 했고요. 지금은 암에 걸릴 경우 방사선 치료나 약물 치료 등을 통해 암의 위험을 낮추고 생존 확률을 높일 수 있는 여러 방법이 있습니다.

DNA의 돌연변이나 염색체 이상은 부정적인 영향만 미치지는 않습니다. 돌연변이는 생물체가 다양한 형질을 가질 수 있게 해서 환경에 적응하고 살아가는 가능성을 높일 수 있죠. 멘델의 유전학은 실제로는 돌연변이 유전자, 즉 대립유전자의 유전에 관한 연구예요. 다윈 Charles Darwin 은 생전에 멘델과 교류하지는 않았지만 이런 대립유전자가 자연선택되는 과정을 연구했다고 할 수 있습니다.

유전법칙을 정량화한, 멘델의 법칙

수도사였던 그레고어 멘델(그림 9)은 완두를 교배시키고 이 후손의 수를 세어 유전법칙을 정량적으로 나타내는 데 기여했습니다. 멘델의 실험에서 완두의 키와 같이 유전되는 형질을 표현형이라고 합니다. 모든 표현형은 특정 유전자 또는 유전자 조합인 유전형의 존재로 인해 나타나죠.

유성생식을 하는 각 개체는 부모에게 받은 각 유전자의 사본(대립유전자) 두 개를 가지고 있어요. 순종은 동일한 대립유전자를 가졌고, 잡종은 서로 다른 대립유전자를 가졌습니다. 대립유전자 간의 차이는 돌연변이로 인해 발생했습니다. 순종은 여러 세대에 걸쳐 사육된 동일한 표현형을 유지해 온 종의 계통이고요. 서로 다른 대립유전자 쌍을 가진 순종끼리 교배해 잡종을 만들 수 있습니다. 그리고 잡종 1세대에서 한 표현형(우성 형질)은 다른 표현형(열성 형질)보다 우세하게 나타날 수 있죠. 잡종 2세대에서는 우성 형질과 열성 형질의 표현형이 3:1로 분리됩니다.

멘델이 실험한 완두를 예로 들면, 큰 키는 우성 형질이고 작은 키는 열성 형질입니다. 최근 DNA 수준에서 멘델의 실험을 설명하려는 시도들이 이루어졌는데, 그 결과 완두의 키도 DNA의 돌연변이로 설명할 수 있었어요. 큰 키 식물은 지베렐린이라는 생장호르

그림 9. 그레고어 멘델(1822. 7. 22-1884. 1. 6)
멘델의 법칙을 통해 유전학을 개척한 오스트리아의 유전학자이자 성직자.

몬을 정상적으로 만들 수 있는 반면에 작은 키 식물은 이 생장호르
몬을 만드는 효소에 돌연변이가 발생해 정상적으로 생장호르몬을
만들 수 없어 결과적으로 작은 키를 갖게 된 것으로 나타났습니다.

다윈의 진화론과 유전 메커니즘

찰스 다윈은 진화론에 기여한 것으로 가장 유명한 영국의 자연학자입니다. 비글호 승선 경험을 통해 다윈은 지상의 모든 생물이 서로 연결되어 있음을 깨달았습니다. 그리고 시간이 지남에 따라 종이 어떻게 변화하고 새로운 종이 어떻게 생겨나는지 설명하는 자연선택 이론을 발전시켰어요.

다윈은 특정 유전 형질을 가진 개체가 그렇지 않은 개체보다 생존과 번식 가능성이 높은 자연선택의 과정을 통해 진화가 일어난다고 제안했습니다. 시간이 지남에 따라 이는 개체군의 형질 변화로 이어져서 궁극적으로 새로운 종의 출현으로 이어질 수 있지요.

다윈의 아이디어는 당시엔 혁명적이었고 논란의 여지가 있었지만 이후 과학계에 널리 받아들여졌습니다. 그의 연구는 생물학 연구와 지구상의 생명체가 수백만 년에 걸쳐 어떻게 진화해 왔는지를 이해하는 데 중요한 토대가 되었습니다.

다윈은 유전의 메커니즘에 대해 몰랐지만 다윈의 진화론은 자연선택, 유전, 변이라는 세 가지 아이디어에 기반하고 있습니다. 생물체에서는 한 세대에서 다음 세대로 넘어가면서 작은 무작위 변화, 즉 변이가 일어납니다. 선택된 변이 형질은 생식을 통해 다음 세대의 생물체에 전달되죠. 다윈은 자연선택이 오로지 유리한 변이를 연속적으로 축적하는 방식으로 점진적으로 일어난다고 했어요.

종의 기원

1940년대까지만 해도 유전자의 구조는 아직 밝혀지지 않았지만 과학자들은 유전자에 대한 개념을 다윈 이론에 통합해 진화를 작은 유전적 변이의 결과로 설명했습니다. 1942년 줄리언 헉슬리 Julian Huxley의 저서《진화》Evolution가 출간된 후 다윈 이론을 재구성한 현대적 종합이라고 불린 신다윈주의 이론은 다윈의 이론을 유전의 메커니즘으로 명확하게 설명했습니다.

신다윈주의적 관점은 1953년 이중나선이 발견되면서 DNA의 구조는 유전자 복제의 메커니즘을 제시했을 뿐만 아니라 유전자의 염기서열 변화를 통해 무작위적 변화로 인한 변이가 어떻게 발생하고 유전될 수 있는지를 명확하게 보여 주었습니다. 유전자 염기서열의 작은 무작위 돌연변이에 대한 이러한 설명은 진화가 점진적으로 일어난다는 다윈의 견해를 뒷받침했죠. 따라서 자연은 갑작스러운 도약을 하지 않는다는 법칙은 정설로 굳어졌습니다.

찰스 다윈은 특히 갈라파고스제도에 서식하는 다양한 종류의 핀치새에 관심을 가졌습니다. 먹이가 부족한 상태에서 핀치새는 먹이를 먹기에 유리한 부리 형태를 가진 개체가 생존하고 번식할 가능성이 높았죠. 결국 개체군의 평균 부리 크기와 모양은 시간이

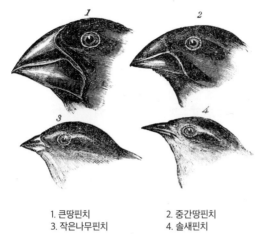

1. 큰땅핀치   2. 중간땅핀치
3. 작은나무핀치   4. 솔새핀치

그림 10. 시간이 지남에 따라 변화한 핀치새의 부리.

지남에 따라 변화했어요. 이는 자연선택을 통한 진화가 일어나 시
간이 지남에 따라 개체군의 특성이 변화할 수 있음을 보여 주는 예
입니다(그림 10).

자연선택에 의해 진화한 생물에서 기존의 종과 구분될 정도로
돌연변이가 축적되면 새로운 종이 형성됩니다. 예를 들어 갈라파
고스제도의 섬마다 서식하는 핀치새 개체군을 상상해 봅시다. 시
간이 지남에 따라 새들의 DNA에 돌연변이가 발생해 일부 새의 부
리가 약간 더 길어져서 새로운 먹잇감에 더 쉽게 접근할 수 있게
됩니다. 한편 다른 섬에 있는 같은 조류 종의 다른 개체군에서도

DNA에 돌연변이가 발생하여 신체적 또는 행동적 특성이 약간 달라질 수 있죠. 결국 이러한 개체군이 서로 충분히 오랫동안 격리되면 더 이상 교배하거나 생존 가능한 자손을 생산할 수 없을 정도로 달라져서 별도의 종으로 간주될 수 있습니다. 이러한 종의 분화 과정은 오랜 세월에 걸쳐 일어날 수 있으며, 그 결과 지구상에 매우 다양한 종이 생겨날 수 있습니다.

DNA가 약간씩 다른 각 사람은 모두 돌연변이체

일반적으로 돌연변이는 드물게 발생하지만 사람의 게놈은 매우 크기 때문에 돌연변이가 발생할 기회가 많습니다. 우리들의 DNA는 모두 약간씩 달라서 실제로 우리는 모두 돌연변이체라고 할 수 있어요. 사람은 대부분의 DNA 코드를 공유하지만, 개인 간에 발생할 수 있는 약 300만 개의 유전적 차이로 인해 각 사람은 고유합니다. 이런 차이는 DNA 복제 과정에서 발생하는 돌연변이, 방사선이나 화학물질 같은 환경적 요인에 대한 노출, 부모에게 물려받은 유전적 변이 등으로 인해 발생하죠. 돌연변이는 유전자의 코딩 영역 또는 비코딩 영역을 포함해 게놈의 모든 부분에서 발생할 수 있으며, 이는 유전자가 조절되는 방식에 영향을 줄 수 있습니다.

유전자의 다양성

과거에 나타난 돌연변이로 직립, 큰 두뇌, 뛰어난 언어능력 등 사람의 놀라운 형질이 출현했습니다. 파란 눈, 빨간 머리, 말리는 혀 같이 우리 종이 생존하는 측면에서 거의 가치가 없는 돌연변이도 있지만, 번식에 유리한 가치를 부여한다는 이유로 개체군에 남아 있는 경우도 있죠. 안타깝게도 어떤 돌연변이는 낫세포빈혈증, 낭포성섬유증, 근이영양증 같은 유전질환처럼 주요 유전자의 변화로 인해 발생하며 매우 심각할 수 있어요. 그러나 대부분의 돌연변이는 중립적이며 건강이나 기타 특성에 뚜렷한 영향을 미치지 않습니다.

사람마다 유전적 변이를 초래하는 돌연변이는 사람의 진화와 변화하는 환경에 대한 적응에 있어 중요합니다. 이러한 유전적 차이는 독특한 신체 특성, 특정 질병에 대한 감수성, 또는 우리 몸이 약물을 대사하거나 환경 자극에 반응하는 방식에 차이를 초래할 수 있습니다. 돌연변이는 매 세대에 일어나며, 개인마다 독특한 60개의 새로운 돌연변이를 갖고 있습니다.

돌연변이체와 자연인 중 누가 권리를 누릴 자격이 있는지, 누가 자연인인지를 놓고 다투는 영화 〈엑스맨〉 같은 미래가 온다면 우리는 진정으로 우리 모두 돌연변이라는 사실을 기억하는 것이 현명할 것입니다. 그리고 그것은 잘못된 것이 아니에요. 유전자의 다양성은 우리 인류가 지금까지 거친 환경에서 함께 잘 살아온 이유거든요.

유전적 변이

사람은 특정 집단에서 특정 장점이나 능력을 부여하는 유전적 변이를 가졌습니다. 이런 유전적 변이는 시간이 지남에 따라 집단이 다양한 환경과 도전에 적응하면서 자연선택을 통해 발생했고요.

이러한 유전적 변이의 한 가지 예로 우리나라 사람처럼 해조류를 먹을 수 있는 동아시아인을 들 수 있습니다. 동아시아인은 적어도 여러 차례에 걸쳐 해양미생물의 유전자를 전달받아 장에 공생하는 세균으로 인해 김, 다시마, 톳 등의 섬유질이나 다당류를 소화할 수 있는 능력을 갖게 되었습니다. 또 다른 예로는 우유에서 발견되는 당분인 젖당을 소화하는 능력을 들 수 있어요. 대부분의 사람은 어린 시절이 지나면 젖당을 소화하는 능력을 상실하지만 북유럽 혈통의 일부 민족은 성인이 되어서도 계속 젖당을 소화할 수 있는 유전적 변이를 진화시켰습니다. 이러한 적응은 이 지역의 초기 농부들 식단에서 유제품이 중요했기 때문에 발생했을 가능성이 높아요.

그린란드에 사는 이누이트족은 물개, 고래, 생선 등 지방이 많은 해양 동물을 섭취합니다. 그러나 식욕과 신체 에너지 균형을 조절하고, 효율적인 지방산 분해를 촉진하는 유전적 변이로 인해 이누이트족은 고지방 식단을 섭취하는 다른 인구 집단에서 흔히 볼 수 있는 만성 질환에 걸리지 않고 건강한 몸 상태를 유지합니다.

또 다른 유전적 변이의 예로 고지대에서 살아갈 수 있는 능력을 들 수 있어요. 안데스산맥이나 히말라야산맥 같은 고지대에 사는 사람들은 이러한 고지대의 낮은 산소 농도에 대처할 수 있는 유전적 변이를 진화시켜 왔습니다. 그 결과 산소를 운반하는 적혈구의 단백질인 헤모글로빈을 더 생성하고 지방보다는 탄수화물을 대사 물질로 사용해 산소를 더 효율적으로 사용할 수 있어요.

'바다 유목민'이라고도 불리는 바자우족은 동남아시아에 거주하며 전통적으로 낚시와 다이빙에 생계를 의존하는 반유목민 생활을 해온 사람들이에요. 이들은 숨을 참으며 깊은 수심까지 장시간 잠수할 수 있도록 유전적으로 변이되었죠. 바자우족은 다른 민족보다 비장이 커서 더 많은 산소를 저장할 수 있고, 낮은 산소 수준에서 혈관을 수축시키고 뇌와 심장과 같은 중요한 기관으로 혈류를 재분배할 수 있어요. 그런데 이런 유전적 적응이 바자우족의 전통적인 생활 방식에는 유리할 수 있지만 또 다른 위험을 품고 있기도 합니다. 예를 들어 비장이 크면 생명이 위태로운 비장파열이 발생할 위험성이 높아질 수 있습니다.

선천성통증무감각증은 부상이나 염증 부위에서 뇌로 통증 신호를 전달하는 신경계의 능력에 영향을 미치는 유전적 돌연변이로 인해 통증을 느끼지 못하는 드문 질환입니다. 통증을 느끼지 못하는 것이 장점처럼 들릴 수 있지만, 실제로는 심각한 부상을 인지하지 못해 사망에 이를 수 있는 의학적 질환입니다.

이러한 유전적 변이는 특정 상황에서 유용할 수 있지만 항상 보편적으로 유익한 것은 아니에요. 그러므로 다른 환경이나 상황에서는 약점이 되거나 위험이 따를 수 있다는 점에 유의해야 합니다. 또 이런 변이를 근거로 우생학이나 유전적 우월성과 같은 해로운 생각을 조장하지 않는 것이 중요해요. 그보다는 사람의 유전적 변이의 놀라운 다양성과 여러 다른 환경과 조건에서 생존하고 번성할 수 있게 해 준 적응에 대해 축하하고 감사해야 합니다.

+++

유전학은 우주 탐사 및 식민지 개척에도 중요한 역할을 할 가능성이 높습니다. 인류가 우주로 더 멀리 나아가려면 지구와는 크게 다른 새로운 환경과 조건에 적응해야 하기 때문이죠. 이때 사람이 본래부터 가지고 있는 유전적 초능력이라고 할 만한 변이를 탐색하는 것도 중요합니다. 또 사람이 우주여행을 하면서 겪게 될 고준위의 방사선이나 저중력 또는 예를 들어 밤낮의 길이 변화와 같은 기타 스트레스 요인을 더 잘 견디도록 도와주는 유전자 변형도 중요할 수 있어요.

그런데 사람의 유전자를 변형시키면서까지 장거리 우주 탐사를 떠나는 것이 바람직할까요? 아니면 지금의 지구 환경을 보다 좋게 개선해서 사람이 가진 유전적 자원을 잘 관리하는 것이 바람직할까요?

5장

DNA 기술의
이모저모

과학의 발전은 새로운 아이디어, 새로운 발견, 새로운 기술에 달렸으며, 이 세 가지는 서로 영향을 주고받는 경우가 많습니다. 기초 연구는 새로운 발견으로 이어지고, 새로운 발견은 새로운 아이디어와 새로운 기술에 영감을 주죠. 또 새로운 기술이 새로운 발견과 아이디어로 이어지기도 합니다.

창의적인 아이디어에서 탄생하여 생명과학 분야에서 기초 및 응용 발견을 폭발적으로 증가시킨 DNA 기술에서 이런 현상이 더욱 분명하게 드러납니다. DNA 기술의 기본 원리는 주로 염기의 상보성을 이용하는 것으로 의외로 간단해요. 이 장에서는 주로 유전공학 및 생명공학 기술을 다루는 다음 장들을 이해하기 위해 기초적이며 가장 다양하게 이용되는 DNA 기술을 중심으로 정리했습니다.

DNA 분자를 분리하는, 겔전기영동법

DNA 겔전기영동gel electrophoresis은 DNA 분자의 크기와 전하를 기준으로 분자를 분리하는 데 사용되는 기술이에요. 여기에는 일반적으로 아가로스(특정 적조류에 존재하는 다당류)로 만든 겔 매트릭스 위에 DNA 샘플을 올려놓고 전기장을 가해 DNA 분자가 겔을 통과하도록 하는 과정이 포함됩니다.

먼저 DNA 샘플을 제한효소로 처리해 특정 위치에서 DNA를 절단하여 다양한 크기의 조각을 생성합니다. 그런 다음 DNA 조각을 이미 크기를 알고 있는 DNA 조각과 함께 겔에 올려서 미지의 조각의 크기를 결정하게 됩니다.

여기에 전류를 가하면 음전하를 띤 DNA 분자가 양전하를 띤 전극에 끌려 겔을 통과합니다. 작은 조각은 겔을 통해 더 빠르게 이동하고 큰 조각은 더 느리게 이동하여 일정 시간이 지나면 DNA 조

제한효소

박테리아가 박테리오파지라고 불리는 바이러스로부터 자신을 방어하는 효소. 박테리오파지는 자신의 DNA를 세균의 세포 속에 집어넣어 복제하는데, 제한효소는 외부에서 침입해 오는 이 박테리오파지의 DNA를 많은 조각으로 자름으로써 이것이 세균 내부에서 복제되는 것을 막는다. 제한효소라는 이름은 박테리아에 감염되는 박테리오파지의 종류를 제한하는 능력때문에 붙여졌다.

제한효소는 이중나선 DNA의 특정한 위치를 자르기 때문에 박테리아로부터 분리되어 실험실에서 필요한 유전자를 포함하는 DNA 조각을 조작하는데 사용할 수 있다. 이 때문에 제한효소는 DNA 재조합 기술에서 필수 도구로 사용된다.

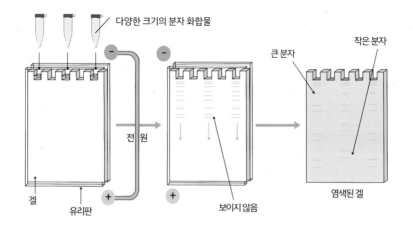

그림 11. 전기영동법의 원리.

각은 크기에 따라 분리되어 겔에 뚜렷한 띠를 형성하죠.

그런 다음 자외선 아래에서 형광을 내는 염색제를 사용해 분리된 DNA 조각을 시각화할 수 있습니다. 이렇게 생성된 밴드 패턴을 원본 샘플에 있는 DNA 단편의 크기와 양을 분석하는 데 사용할 수 있습니다(그림 11).

DNA 겔전기영동은 분자생물학의 DNA 시퀀싱(DNA 또는 RNA의 염기서열을 결정하는 과정), 유전자 매핑(DNA 조각 패턴을 비교해 유전자의 위치를 설정하는 것), 유전자 발현 분석과 같은 다양한 응용 분야에서 사용되는 기술입니다. 또 법의학에서 DNA지문을 신원 확인을 위해 사용하기도 하죠.

DNA 조각을 동일하게 대량으로 만드는, 클로닝

과학자들은 특정 유전자를 직접 연구하거나 특정 유전자의 산물을 만들기 위해 DNA 클로닝cloning 기술을 개발했습니다. DNA 클로닝은 DNA 조각을 동일하게 대량으로 만드는 잘 알려진 기술이에요.

실험실에서 DNA 조각을 클로닝하는 방법은 대개 동일해요. 공통된 한 가지 특징은 박테리아를 이용하는 것인데 그중에서 대장균이 가장 흔하게 이용됩니다. 박테리아는 바이러스 침입자의 특정 DNA 서열을 인식해서 해당 염기서열을 자르는 제한효소를 만들어요. 제한효소는 지금까지 여러 종류가 발견되었고, 시험관 내에서 DNA를 자르는 데 사용할 수 있어요.

DNA 조각을 클로닝하기 위해 연구원들은 먼저 플라스미드를 박테리아에서 분리해 DNA 가닥을 제한효소로 어슷하게 자릅니다. 이 잘린 플라스미드가 같은 제한효소로 어슷하게 자른 출처가 다른 DNA 가닥을 만나면 A와 T, G와 C 사이의 상보적 염기쌍을 형성해 이중가닥이 복구됩니다. 서로 떨어진 이 두 가닥을 연결효소(서로 분리된 DNA를 이어 주는 효소)로 이으면 박테리아의 플라스미드는 이제 재조합 DNA가 되는 거죠.

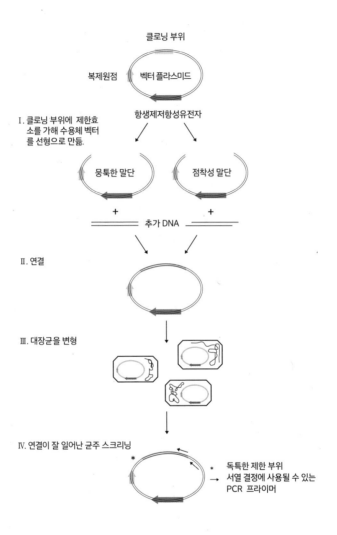

그림 12. DNA 클로닝의 원리.

이렇게 만들어진 재조합 DNA 분자를 박테리아나 동물세포와 같은 숙주 세포에 다시 도입합니다. 숙주 세포는 반복적인 세포분열을 통해 유전적으로 동일한 클론을 복제하게 되죠. 박테리아의 증식으로 세포 내에 있는 재조합 플라스미드 역시 대량 복제되고, 따라서 클론화된 외부의 유전자를 대량 생산하는 결과를 낳습니다 (그림 12).

이와 같이 어떤 유전자를 대량 복제하는 것을 DNA 클로닝이라고 합니다. 플라스미드는 이처럼 외부 DNA를 가질 수 있는 원형의 DNA 고리로서 세균세포 내에서 복제되는 <u>클로닝벡터</u>(운반체)의 역할을 하고요.

클로닝된 유전자는 연구를 위한 특정 유전자의 대량 생성과 새로운 대사능력을 갖거나 유용한 단백질을 생산하는 면에서 쓸모가 있습니다. 한 개의 유전자는 세포의 전체 DNA 중 아주 일부분이에요. 그래서 이와 같이 적은 DNA 조각을 대량 생산하는 기술은 단일 유전자를 이용하는 연구에서는 필수 기술이죠. 또 어떤 식물에 존재하는 병충해 저항성 유전자가 클로닝되어 다른 종의 식물을

클로닝벡터

외부 유전자를 삽입할 수 있는, 자발적으로 복제하는 DNA 분자. 플라스미드, 바이러스 유전체, 인공적인 효모 염색체 따위를 이른다.

형질전환시키는 데 사용될 수 있습니다. 인간 생장호르몬과 같이 의학적으로 사용되는 단백질 유전자를 박테리아에 클로닝하고 배양함으로써 많은 양의 단백질을 생산할 수도 있고요.

유전자 및 돌연변이를 찾고 진단하는, 마이크로어레이 방법

핵산이 상보적 염기서열을 갖는 핵산과 이중가닥을 형성하는 성질을 이용한 '핵산혼성화' 방법은 1960년대 솔 슈피겔만^{Sol Spiegel-man}이 개발했습니다. 이미 앞에서 사용한 DNA의 염기서열을 다시 사용해 볼게요.

T-A-C-C-C-G-A-G-G-T-A-G-C-C-G-C-G-T-C-G-T

A-T-G-G-G-C-T-C-C-A-T-C-G-G-C-G-C-A-G-C-A

또 다른 DNA가 있는데 이 서열과 일치하는지 알고 싶습니다. 이를 알아내는 한 가지 방법은 표적 DNA의 ⓐ T-A-C-C-C-G-A-G-G-T-A-G-C-C-G-C-G-T-C-G-T와 ⓑ A-T-G-G-G-C-T-C-C-A-T-C-G-G-C-G-C-A-G-C-A의 가닥을 각각 분리해 필

터에 올려놓는 것입니다.

이제 어떤 미지의 DNA 가닥을 분리해 필터 위에 붓습니다. 미지의 염기쌍은 상보적 염기쌍을 가진 경우에만 필터에 달라붙죠. 즉 ⓐ필터에 달라붙는다면 미지의 DNA는 A-T-G-G-G-C-T-C-C-A-T-C-G-G-C-G-C-A-G-C-A라는 서열을, RNA라면 A-U-G-G-G-C-U-C-C-A-U-C-G-G-C-G-C-A-G-C-A라는 서열을 가져야만 합니다.

이렇게 생성된 이중가닥 DNA 또는 DNA-RNA 가닥은 두 개의 다른 출처에서 유래했기 때문에 이 방법을 핵산혼성화라고 합니다.

마이크로어레이microarray는 이 방법을 조금 더 집적화한 거예요. DNA 마이크로어레이는 많은 종류의 단일가닥 DNA가 혼성화를 위한 표적으로 부착된 작은 현미경 슬라이드입니다. 전체 공정이 소형화되어 DNA 칩에 수천 개의 유전자를 탑재할 수 있어요. 혼성화할 미지의 DNA를 형광으로 표지하면 혼성화하는 지점의 위치가 색깔로 표시되어 컴퓨터를 통해 분석할 수 있습니다.

DNA 마이크로어레이는 유전자 및 돌연변이를 찾고 진단하는 데 사용됩니다. RNA도 혼성화할 수 있으므로 사람의 모든 유전자가 칩에 DNA로 존재한다면 세포에서 RNA를 추출해 특정 시간에 조직에서 어떤 유전자가 발현하는지 확인할 수 있어요. 세포

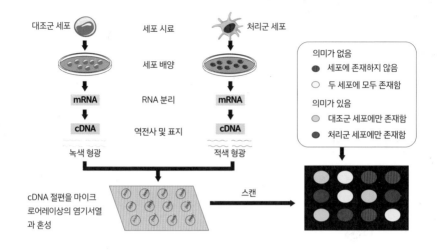

그림 13. 마이크로어레이의 원리.

는 발달 신호에 반응하거나 암과 같은 질병으로 인해 유전자를 켜고 끕니다. 유전자 발현이 변하면 세포에 존재하는 유전자 산물인 mRNA의 종류가 변화하죠. 상보적 DNA와의 결합 여부를 확인하여 각 세포에 mRNA 분자가 존재하는지 여부를 결정할 수 있습니다. 이로써 특정 유전자에 대한 mRNA가 세포에 존재하면 유전자가 발현되고 있음을 확인할 수 있죠. 따라서 실제로 모든 염기서열을 결정하는 대신 마이크로어레이 방법은 상당히 낮은 비용으로 유전자 변이체를 신속하게 식별할 수 있습니다.

우선 대조군과 처리군의 두 세포에서 mRNA 분자를 분리합니다. 세포의 종류는 다른 발달 단계에 있는 두 세포, 두 개의 다른 종의 세포, 다른 환경 조건에서 자란 세포 또는 정상세포와 암세포 같이 연구의 관심 방향에 따라 다를 수 있습니다.

mRNA 분자를 바탕으로 역전사반응을 통해 DNA 사본을 만듭니다. 두 종류의 세포에서 얻은 DNA 사본을 각각 적색과 녹색 형광으로 표지합니다. 대조군과 처리군의 mRNA 용액을 DNA 마이크로어레이 표면에 붓습니다. DNA 분자가 슬라이드에서 상보적인 mRNA 서열을 찾게 되면 결합할 것입니다. 상보적 DNA가 대조군의 mRNA와 결합할 때, 처리군의 mRNA와 결합할 때, 두 군의 mRNA와 모두 결합할 때 형광 신호는 서로 달라지고 이를 분석하면 각 유형의 세포에서 어떤 유전자가 발현되는지 결정할 수 있습니다.

적색은 발현한 mRNA가 적색으로 표지된 상보적 DNA에 결합함을 알려 줍니다. 녹색은 발현한 mRNA가 녹색으로 표지된 상보적 DNA에 결합함을 알려 줍니다. 황색은 발현한 mRNA가 두 상보적 DNA에 모두 결합함을 알려 줍니다. 흑색은 mRNA가 발현하지 않고 어떤 상보적 DNA와도 결합하지 않음을 알려 줍니다(그림 13).

DNA 서열을 매우 빠르게 증폭하는, 중합효소연쇄반응^{PCR}

코로나 시대를 겪으면서 PCR^{polymerase chain reaction}이라는 말을 많이 들어 보았을 거예요. 중합효소연쇄반응이라고도 하는 PCR은 알려진 모든 DNA 서열을 증폭시킬 수 있습니다. 신종코로나바이러스는 RNA를 유전물질로 갖기 때문에 먼저 상보적인 DNA를 만들고, 이것을 PCR로 증폭시켜 코로나-19에 걸렸는지 진단하는 방법을 사용합니다.

복제하려는 DNA를 약 95℃로 가열해 두 가닥으로 분리합니다. 가열 단계가 필요한 이유는 DNA 중합효소가 단일가닥 DNA만 복제할 수 있기 때문이에요. 그런 다음 DNA 용액을 약 70℃로 냉각하고 DNA 중합효소를 첨가해 상보적 염기를 갖는 뉴클레오티드 사슬을 만듭니다. 가열, 냉각 및 DNA 중합효소 반응을 n번 반복하면 2^n개의 DNA 사본을 만들 수 있습니다. 20번의 반응주기를 거치면 한 DNA 분자로부터 100만 개 이상의 사본을 만들 수 있죠(그림 14). 이전에는 반응주기마다 열에 의해 변성된 DNA 중합효소를 첨가해야 했지만 캐리 멀리스^{Kary Mullis}는 옐로스톤국립공원 온천에서 발견한 호열성 박테리아인 더무스아쿠아티쿠스^{*Thermus aquaticus*}의 DNA 중합효소를 사용해 PCR 자동화의 길을 열었어요.

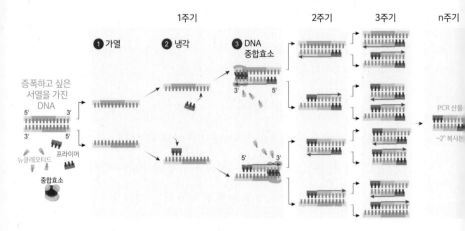

그림 14. PCR의 원리.

PCR은 기초 및 응용 생물학의 주요 기술이에요. 재조합 DNA에 의한 복제에 비해 DNA를 증폭하는 PCR의 가장 큰 장점은 복제를 빨리할 수 있다는 것입니다. 일반적으로 DNA 서열을 100만 배 증폭하는 데 몇 시간밖에 걸리지 않습니다. PCR의 또 다른 장점은 분석 또는 사용을 위해 단 하나의 세포의 DNA만 증폭할 수 있을 정도로 매우 민감하다는 것이죠.

암호화된 유전정보를 이해하기 위한,
DNA 시퀀싱

DNA 시퀀싱은 DNA 분자에서 뉴클레오티드(A, T, C, G)의 정확한 순서를 결정하는 과정입니다. 이 과정은 생물체의 DNA에 암호화된 유전정보를 이해하는 데 필수적이죠. DNA의 염기서열을 아래에서 설명하는 바와 같이 효율적으로 결정하는 방법은 1977년 영국의 생화학자 프레더릭 생어^{Frederick Sanger}가 개발했습니다.

이 방법은 DNA의 작은 부분을 복제하고 디디옥시뉴클레오티드^{dideoxynucleotide}라고 하는 변형 뉴클레오티드 세트(A*, T*, G*, C*)를 사용해 특정 지점에서 복제 과정을 중단하는 방식을 사용합니다. 디디옥시뉴클레오티드는 다음에 오는 뉴클레오티드와 결합하지 못하기 때문에 특정 디디옥시뉴클레오티드로 끝나는 다양한 길이의 DNA 조각이 생성되죠. 이 조각들을 겔전기영동으로 분리하고 가장 작은 조각부터 가장 큰 조각까지 뉴클레오티드의 서열을 읽음으로써 DNA 서열을 결정할 수 있어요.

DNA 시퀀싱은 PCR과 유사하지만 약간의 차이가 있습니다. 시퀀싱할 DNA의 두 가닥을 분리한 후 DNA 중합효소와 네 가지 염기인 A, T, G, C를 첨가하면 DNA 복제가 시작됩니다. 우리의 DNA가 다음과 같은 서열을 가지고 있다고 가정해 봅시다.

T-A-C-C-C-G-A-G-G-T-A-G-C-C-G-C-G-T-C-G-T

복제가 시작되면 먼저 T에 상보적인 A가 추가됩니다. A-T-G-G-G… 그리고 계속됩니다. 하지만 이제 반전이 있습니다. 혼합물에는 정상적인 C뿐만 아니라 변형된 C(C*)도 포함되어 있어 그 시점에서 복제가 종료될 수 있어요. 이제 부모 DNA의 다음 염기는 G이므로 성장하는 새 사슬에 추가될 다음 염기는 C가 되어 A-T-G-G-G-C가 됩니다.

그러나 그 차이를 구분할 수 없는 DNA 중합효소는 정상적인 C 대신 C*를 추가해 새로운 가닥을 A-T-G-G-G-C*로 만들 수 있습니다. 이제 두 개의 새로운 가닥의 운명은 달라집니다. 정상적인 C가 추가되면 복제가 계속됩니다. A-T-G-G-G-C-A…. 그리고 C*가 추가되면 가닥은 바로 거기서 짧은 상태로 멈추죠. A-T-G-G-G-C*.

그다음 원본 DNA의 G에 상보적인 C(C*)가 추가될 경우에도 같은 일이 반복됩니다. 복제가 끝나면 겔전기영동으로 새로운 DNA 가닥이 분리되고요. 분자량이 작은 DNA 가닥은 (+)극으로 많이 이동하기 때문에 짧은 복제 DNA 조각들 순으로 아래와 같이 늘어놓을 수 있습니다.

A-T-G-G-G-C*

A-T-G-G-G-C-T-C*

A-T-G-G-G-C-T-C-C*

A-T-G-G-G-C-T-C-C-A-T-C*

A-T-G-G-G-C-T-C-C-A-T-C-G-G-G-C*

A-T-G-G-G-C-T-C-C-A-T-C-G-G-G-C-G-C*

A-T-G-G-G-C-T-C-C-A-T-C-G-G-G-C-G-C-A-G-C*

C*에 레이저를 비추면 적색으로 빛나도록 염료가 부착되어 있다고 가정해 볼게요. 다양한 DNA 가닥이 크기별로 분리되어 레이저 빛에 의해 감지됩니다. 따라서 6, 8, 9, 12, 15, 17, 20번째 염기가 C*로 끝나며 적색으로 빛나는 것을 알 수 있죠. 별도의 반응에서는 변형된 T, G, A인 T*, G*, A*가 복제에 사용되며, 또 각 염기 T*(녹색), G*(청색), A*(황색)에는 다른 색의 염료가 사용됩니다.

같은 방법으로 2, 7, 11번째 염기가 T*라는 것을 알 수 있습니다.

A-T*

A-T-G-G-G-C-T*

A-T-G-G-G-C-T-C-C-A-T*

1, 10, 18, 21번째 염기가 A*라는 것을, 그리고 3, 4, 5, 13, 14, 16, 19번째 염기가 G*라는 것을 알 수 있죠.

A*

A-T-G-G-G-C-T-C-C-A*

A-T-G-G-G-C-T-C-C-A-T-C-G-G-C-G-C-A*

A-T-G-G-G-C-T-C-C-A-T-C-G-G-C-G-C-A-G-C-A*

A-T-G*

A-T-G-G*

A-T-G-G-G*

A-T-G-G-G-C-T-C-C-A-T-C-G*

A-T-G-G-G-C-T-C-C-A-T-C-G-G*

A-T-G-G-G-C-T-C-C-A-T-C-G-G-G-C-G*

A-T-G-G-G-C-T-C-C-A-T-C-G-G-C-G-C-A-G*

이제 각 색깔을 순서대로 읽으면 전체 서열을 결정할 수 있습니다,

A*

A–T*

A–T–G*

A–T–G–G*

A–T–G–G–G*

A–T–G–G–G–C*

A–T–G–G–G–C–T*

A–T–G–G–G–C–T–C*

A–T–G–G–G–C–T–C–C*

A–T–G–G–G–C–T–C–C–A*

A–T–G–G–G–C–T–C–C–A–T*

A–T–G–G–G–C–T–C–C–A–T–C*

A–T–G–G–G–C–T–C–C–A–T–C–G*

A–T–G–G–G–C–T–C–C–A–T–C–G–G*

A–T–G–G–G–C–T–C–C–A–T–C–G–G–C*

A–T–G–G–G–C–T–C–C–A–T–C–G–G–C–G*

A–T–G–G–G–C–T–C–C–A–T–C–G–G–C–G–C*

A–T–G–G–G–C–T–C–C–A–T–C–G–G–C–G–C–A*

A–T–G–G–G–C–T–C–C–A–T–C–G–G–C–G–C–A–G*

A–T–G–G–G–C–T–C–C–A–T–C–G–G–C–G–C–A–G–C*

A-T-G-G-G-C-T-C-C-A-T-C-G-G-C-G-C-A-G-C-A*

과거에 DNA 시퀀싱은 DNA를 조각으로 자르고, 특수 화학물질로 라벨을 붙이고, 크기별로 분류하는 등 여러 단계를 거쳐야 하는 느리고 힘든 과정이었어요. 하지만 최근에는 차세대 DNA 시퀀싱과 같은 기술이 발전하면서 DNA 시퀀싱의 속도와 효율성이 크게 향상되었습니다.

차세대 DNA 시퀀싱을 사용하면 수백만 개의 DNA 서열을 동시에 결정해 방대한 양의 데이터를 생성할 수 있고, 이를 분석해 개인 또는 종 간의 DNA 서열 변이를 식별할 수 있습니다.

아주 효과적인 유전자 변형 방법, 크리스퍼 유전자가위

앞서 재조합 단백질 생산, 형질전환 생물체 생성 등의 목적으로 재조합 DNA가 세포에 도입되어 발현되는 과정을 설명했습니다. 일반적으로 이러한 DNA 구성물은 숙주 게놈에 무작위로 통합되어 원치 않는 효과를 유발할 수도 있어요. 하지만 최근 유전자가위 기술이라는 아주 효과적인 유전자 변형 방법이 개발되었어요.

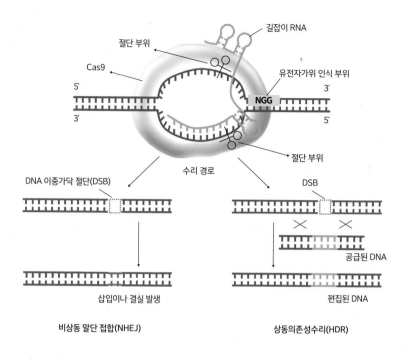

그림 15. 크리스퍼 유전자가위의 작동방식.

이중 크리스퍼 유전자가위CRISPR-Cas9는 박테리아가 바이러스 감염으로부터 자신을 보호하기 위해 사용하는 자연 방어 메커니즘을 기반으로 합니다. 박테리아는 침입한 바이러스 DNA 단편을 크리스퍼 배열이라는 박테리아 게놈에 통합합니다. 이후 박테리아가 동일한 바이러스를 다시 만나면 방어 시스템은 크리스퍼 배열에 들어 있는 바이러스 DNA 단편을 전사하죠. 이렇게 만들어진 RNA에 Cas9이라는 단백질이 결합해 크리스퍼 유전자가위를 만듭니다.

침입한 바이러스 DNA와 RNA가 상보적 쌍을 이루는 곳 부근에서 Cas9이라는 단백질은 분자 가위처럼 작용해 DNA의 양쪽 가닥을 절단합니다.

이 원리를 이용해 원하는 DNA 표적과 상보적인 RNA(가이드 RNA)를 만들어서 맞춤형 크리스퍼 유전자가위를 설계할 수 있습니다. 이 시스템은 DNA 서열을 인식하고 Cas9과 결합하는 가이드 RNA라고 하는 RNA 분자와 DNA를 절단하는 효소인 Cas9으로 구성됩니다. 이 RNA가 DNA의 상보적 서열에 결합한 후 Cas9은 DNA의 이중가닥을 끊을 수 있습니다. 그런 다음 세포에 일반적으로 존재하는 복구 시스템에 의해 해당 부위에 작은 삽입 또는 결실이 발생하여 유전자가 비활성화되는 경우가 많죠. 크리스퍼 구성요소와 함께 적절하게 설계된 DNA 서열을 추가로 제공하면 이중가닥 절단이 새로운 서열과 재조합을 유발하여 게놈 DNA에 통합될 가능성이 높습니다. 그 결과 원래 서열이 새로운 서열로 대체됩니다(그림 15).

연구자들은 크리스퍼 유전자가위를 설계해 생물체의 게놈에서 특정 유전자를 추가·삭제·대체할 수 있게 되었습니다. 이러한 유형의 유전자 편집은 워드프로세서로 문장을 편집하여 단어를 삭제하거나 철자 오류를 고치는 것에 비유할 수 있어요.

크리스퍼 유전자가위는 매우 간단하고 신뢰도가 높은 시스템으로, 수정란은 물론 배양 중인 세포에도 직접 적용할 수 있습니다. 심지어 세포 내 부계 및 모계 사본을 모두 변경할 수 있어서, 단 한 번의 단계로 유전자의 기능을 완전히 상실한(녹아웃) 계통를 만들 수 있습니다. 실험실에서 초기 성공을 거둔 많은 과학자가 유전질 환을 치료하고, 새로운 작물 품종을 개발하며, 멸종된 종을 되살리는 등 의학·농업·생명공학 분야를 포함한 광범위한 분야에 적용하기 위해 노력하고 있죠. 이미 크리스퍼 기술을 사용하려는 벤처회사도 여럿 출범했고요.

6장

DNA
수사대

범죄인을 밝혀내고
억울한 사람을 풀어 주다!

범죄 현장에서 수집한 DNA 증거는 사건을 해결하려는 수사관에게 강력한 단서를 제공할 수 있습니다. DNA는 머리카락, 혈액, 타액, 피부세포 등 다양한 물품에서 발견되죠. 법의학자는 범죄 현장에서 채취한 DNA를 용의자나 알려진 범죄자로부터 채취한 DNA 샘플과 비교해 현장에 누가 있었는지 파악하고 범죄와 연관시킬 수 있습니다.

DNA 증거를 분석하는 과정은 복잡하며 여러 단계로 이루어집니다. 먼저 샘플에서 DNA를 추출하고 정제해야 합니다. 그런 다음 중합효소연쇄반응PCR 기술을 사용해 DNA 반복 단위의 사본을 여러 개 만듭니다. 그런 다음 겔전기영동 기술로 DNA 조각을 크기별로 분리해서 나온 밴드 패턴을 참조 샘플의 밴드 패턴과 비교하죠(그림 16).

DNA는 용의자의 알려진 샘플 또는 DNA 프로필 데이터베이스와 비교해 분석합니다. DNA 증거는 범죄 현장에서 발견된 DNA와 일치하지 않는 용의자를 배제하는 데에도 사용할 수 있어요. 이는 잠재적 용의자 범위를 좁혀 주죠. DNA 증거는 살인, 성폭행, 절도 등 많은 범죄 수사에서 가해자를 식별하고 유죄 판결을 내리는 데 사용되었어요. 그리고 범인으로 오해되어 억울하게 형벌을 받은 사람들을 풀어 주는 데도 사용됩니다.

DNA지문법

이 DNA지문법은 알렉 제프리스 Alec Jeffreys가 개발했습니다. DNA 지문법이 사용된 첫 번째 사례는 이민과 관련된 것이었어요. 가나에서 영국으로 이민 온 어느 가족 중 한 사람이 가나에서 밀입국하려는 그 가족의 사촌으로 오인되어 영국 재입국을 거부당했습니다. 제프리스는 그 가족의 어머니와 영국에 남아 있던 아들들, 그리고 논란이 된 아들의 DNA를 분석했죠. 그 결과 그가 확실히 그 어머니의 아들이라는 것이 밝혀졌고요. 곧바로 제프리스는 레스터셔에서 일어난 형사 사건을 해결해 달라는 요청을 받았습니다. 경찰은 자발적으로 혈액 샘플을 제공한 해당 지역 모든 남성의 DNA를 분석해서 마침내 범인을 검거했습니다.

DNA 지문이 사람들의 관심을 끌게 된 것은 미국의 유명한 미식축구 선수 O. J. 심슨 Simpson의 살인사건에서 증거로 채택된 일 때

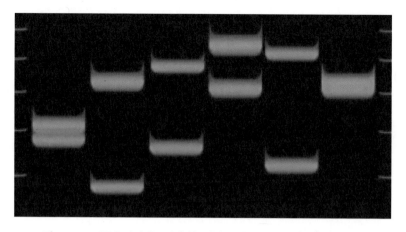

그림 16. DNA 지문을 나타내는 전기영동 패턴. 여섯 명의 DNA지문이 각각 다르다.

문입니다. 범행 현장에서 나온 물품에 묻은 혈액에서 심슨의 DNA
가 나왔기 때문이죠(심슨은 무죄판결을 받았지만 이 사건의 범인은 아직
잡히지 않았어요).

   최근에는 범죄 현장에 자신도 모르게 DNA 지문을 남긴 범인
을 잡는 미국 드라마 〈CSI: 과학수사대〉와 그 아류의 여러 TV 프로
그램의 인기를 힘입어 DNA에 대한 대중의 관심이 더욱 커졌습니
다. 하지만 이런 프로그램들은 DNA의 매력과 신비로움을 더해 주
지만 주로 오락을 위한 것이라는 점을 잊어선 안 됩니다. 50분짜리
TV 프로그램은 이야기를 끌고 가기 위해 종종 전문성을 무시하기
도 하거든요. 이러한 TV 프로그램의 비현실적 측면은 'CSI 효과'라
고 불리는 현상을 낳았어요. 살인 사건의 배심원들은 DNA 증거를

원합니다. 그리고 배심원들은 DNA 증거 없이는 좀처럼 유죄판결을 내리지 않고 DNA 증거가 제시되면 무죄 선고를 하지 않는 경향이 있습니다. 이는 DNA에 지나치게 많은 증거 영향력을 부여하는 것이죠.

제프리스가 개발한 DNA지문법은 범죄인을 밝혀내는 데만 사용하지는 않습니다. 미아나 각종 사건의 희생자 신원 확인, 역사 및 고고학적 분석, 멸종위기 동식물 및 원산지 확인 등 다양한 용도로 사용될 수 있습니다.

가족을 찾아 주다!

2004년 12월 26일에 인도양에서 발생한 쓰나미로 수천 명이 사망했습니다. 당시 아빌라스 제아라자라는 스리랑카 아기가 물살에 휩쓸려 실종되었다가 놀랍게도 구조되어 지역 병원으로 옮겨졌어요. 그런데 그 아기를 자신의 아기라고 주장한 부모들이 많았습니다. 이 문제는 결국 법정으로 가게 되었죠. 2005년 2월 법정에서 모하이든 판사는 DNA 증거를 채택해 아기의 친부모를 명확하게 가려냈습니다.

1976년에서 1983년까지 계속된 아르헨티나의 군사독재 기간에 강제로 납치·입양된 사람들의 할머니들이 '실종 손주를 찾는 아르헨티나 할머니회'(5월광장어머니회)를 결성했습니다. 아르헨티나의 민주 정부는 유아기에 납치된 것으로 의심되는 청년들을 대상으로 미토콘드리아 DNA 검사를 실시해 할머니들의 미토콘드리아 유전자 프로필과 비교했어요. 그 결과 상당한 사람들의 신원이 확인되어 조부모 등 가족과 재회할 수 있었습니다.

역사적 인물의 신원을 밝히다!

'마지막 황제'의 가족

DNA를 바탕으로 역사적 인물의 신원을 밝혀낸 가장 유명한 사례는 러시아의 마지막 황제 가족이에요. 1918년 7월, 러시아 공산주의 혁명이 격렬하게 진행되던 시기에 황제 가족은 우랄산맥의 한 마을에서 살해된 후 암매장되었습니다. 그리고 73년 후 유골을 발견했지만 너무 손상되어 신원을 확인할 수 없었죠. 다행히 뼈의 DNA를 분석해 황제 가문의 생존자들과 비교해 러시아 왕가의 유해를 확인할 수 있었습니다. 그들은 국장의 예우를 받으며 재매장되었습니다.

한편 당시 시신이 발견되지 않아 황제의 1남 4녀 중 막내인 아나스타샤와 그녀의 오빠가 탈출했다는 소문이 돌았습니다. 1922년에는 안나 앤더슨이라는 한 여성이 나타나 1984년 사망할 때까지 자신이 러시아의 마지막 황제 막내딸 아나스타샤라고 주장했고요.

그러나 소련이 몰락하고 DNA 기술이 발전하면서 이 문제는 마침내 해결되었습니다. 1979년 안나 앤더슨이 수술을 받을 당시 병원에 보관했던 조직에서 추출한 DNA는 로마노프 가문의 DNA 프로필과 일치하지 않았거든요.

리처드 3세

1485년 8월 영국의 리처드 3세는 보스워스 전투에서 전사해 레스터 근처 그레이프라이어스교회에 묻혔습니다. 교회는 나중에 철거되었고 그 지역은 주차장이 되었죠.

2012년 고고학자들은 주차장에서 유골을 발굴했어요. 유골에는 척추만곡증과 마지막 전투에서 입은 상처의 흔적이 있었습니다. 연구자들은 핵 DNA에 비해 극한 조건에서도 잔류할 가능성이 큰 미토콘드리아 DNA를 분석하고 가계도를 추적하여 모계의 친척들과 비교했습니다. 그 결과 발굴된 유골이 리처드 3세의 것이라는 점이 거의 확실해졌죠.

DNA 증거에 의하면 리처드 3세는 파란 눈동자와 금발을 가졌던 것으로 추정됩니다. 그는 성대한 장례식 후 레스터성당에 다시 안치되었습니다.

코페르니쿠스

지동설을 주장한 니콜라스 코
페르니쿠스Nicolaus Copernicus의 정확한
매장지는 오랫동안 밝혀지지 않았
습니다. 고고학자들은 2004년에서
2008년에 걸쳐 레이저를 사용해 코

그림 17. 컴퓨터로 두개골을 분석해
복원한 코페르니쿠스의 모습.

페르니쿠스가 재직했던 폴란드의 프롬보르크대성당에 묻힌 수백
구의 유골 위치를 추정했어요. 그리고 그중 가장 개연성이 높은 유
골의 치아에서 얻은 미토콘드리아 DNA를 분석했습니다. 코페르니
쿠스가 생전에 사용하던 장서에서 두 가닥의 머리카락을 찾아내어
그 DNA와 비교했죠. 그 결과 코페르니쿠스의 유골을 확정할 수 있
었고, HERC2 유전자의 변이로 그가 푸른 눈을 가졌다는 것을 알
게 되었습니다.

그리고 코페르니쿠스의 두개골을 컴퓨터로 분석해 얼굴 형상
을 복원한 결과(그림 17) 코가 구부러졌으며 왼쪽 눈 위에 상처가
있는 그의 생전 초상화와 흡사하다고 밝혀졌습니다.

참사 희생자들의 신원을 확인하다!

DNA지문법은 1970년대 캄보디아의 킬링필드나 1995년 보스니아헤르체고비나의 스레브레니차 집단학살의 유해, 미국 텍사스주 와코에서 화재로 사망한 다윗교 신도들의 유해, 그리고 뉴욕에서 발생한 9·11 테러의 희생자에 이르기까지 전 세계에서 인간 유해의 신원을 확인하는 데 사용되었습니다.

우리나라에서도 6·25전쟁에서 전사해 오랜 시간이 지난 후 발굴된 유해의 신원을 밝히거나 제주 4·3학살사건과 광주민주화운동 등 집단학살 후 암매장된 유해의 신원을 밝히는 데 DNA지문법을 사용하고 있습니다. 근래에는 세월호 참사 후 오랜 시간이 지나 수습된 유골에서 고창석 교사, 조은화·허다윤·황지연 학생, 이영숙 씨의 신원이 확인되었죠.

DNA지문법은 이처럼 역사적 진실이나 가슴 아픈 참사를 밝히는 데도 커다란 역할을 하고 있습니다.

출생의 비밀을 밝히다!

우리나라의 TV 드라마에서는 출생의 비밀이 단골 메뉴로 등장하고, 그 가운데 DNA지문법이 사용되기도 합니다. 해외 유명인의 친자 확인에도 DNA지문법이 종종 사용되었고요.

화가 델핀 보엘Delphine Boël은 자신이 벨기에 국왕 알베르 2세가 왕자 시절 자신의 어머니와의 사이에서 낳은 딸이라고 주장했습니다. 알베르 국왕은 델핀을 공식적으로 딸로 인정한 적은 없지만 의혹을 부인하지도 않았습니다. 델핀이 DNA를 통해 두 사람의 유전적 연관성을 밝혀 달라고 소송을 제기하자 법원은 퇴위한 국왕에게 DNA 샘플을 제출하라고 요구했고, DNA 검사 결과 친딸임이 확인되었습니다.

미국의 제3대 대통령이며 민주주의의 아버지로 불리는 토머스 제퍼슨Thomas Jefferson의 흑인 사생아 문제를 둘러싼 미스터리가 최근 DNA지문법을 통해 밝혀졌습니다. 여자 흑인 노예였던 샐리 헤밍스Sally Hemings가 낳은 아이의 아버지가 제퍼슨인지에 대한 논란이 한 세기 반이 넘도록 격렬하게 진행되었거든요. DNA 증거가 없었다면 지금까지 계속되었을 거예요. 1988년 유진 포스터가 이끄는 과학자 팀은 제퍼슨의 친삼촌인 필드Field 제퍼슨의 남성 후손과 Y염색체 DNA를 비교해 헤밍스의 아들 중 에스턴Eston이 제퍼슨의 Y염색체를 가졌다는 것을 밝혔습니다. 제퍼슨과 에스턴의 친자 관계는 이제 신뢰할 만한 역사가와 학자 들에 의해 널리 받아들여지고 있죠. 제퍼슨이 평소 흑백 간 혼혈 결혼을 반대했다는 사실 때문에 많은 사람이 충격을 받았고요.

　미국의 29대 대통령 워렌 하딩Warren Harding의 갑작스런 서거 이후
비서였던 난 브리튼Nan Britten은 하딩과의 사이에 아이를 가졌다고
주장했습니다. 믿기 어려운 이 주장은 2014년 난 브리튼의 손자 짐
블래싱과 하딩의 합법적인 조카손녀 피터와 아비게일 하딩이 함께
모여 DNA 검사를 받기까지 많은 비난을 받았어요. 그러나 검사 결
과 짐은 피터와 아비게일의 친척이라는 사실이 밝혀졌습니다.

　세계적 인기를 누린 프랑스의 샹송 가수 이브 몽땅(1991년 사망)
은 자신의 딸이라고 주장하는 여인에게 죽어서까지 10년간 시달
렸어요. 결국 시신 발굴을 통해 이뤄진 DNA 검사 결과 부녀관계가
아님이 증명되어 스캔들로부터 벗어날 수 있었습니다.

포도 품종의 계보를 확인하고 유지한다!

　DNA지문법이 형사재판에서 가장 많이 활용된다고 흔히 생각
할 수 있지만 그 활용 분야는 사람에게만 국한되지 않아요. DNA는
다른 종의 조직에서도 분리될 수 있고, 그래서 DNA지문법은 흥미
롭고 예상치 못한 용도로도 사용되죠. 유전체학을 활용한다고 했
을 때 쉽게 떠올릴 수 있는 것이 바로 와인 산업이에요.

포도는 6천 년 이전부터 사람에 의해 재배되었어요. 전통적으로 포도 장인들은 생장 특징, 가지 형태, 잎, 과실, 꽃의 형태 그리고 꽃가루의 지름에 따라 2만 4천여 종에 이르는 포도 품종을 구분할 수 있었고요. 현재는 DNA지문법으로 포도 품종을 구분하고 있죠. 이 정보는 서로 다른 포도 품종 간의 진화 관계를 명확하게 밝혀 주고, 내열성이나 가뭄 또는 질병에 강한 품종을 개발할 수 있도록 해 줍니다.

포도의 DNA를 이해함으로써 얻을 수 있는 두 번째 주요 이점은 특허 분쟁을 해결할 수 있다는 거예요. 캘리포니아 대학 데이비스 분교는 세계에서 가장 큰 포도 DNA 프로필 데이터베이스를 만들어 유지·관리합니다. 보통 6-8개의 DNA 마커를 테스트해서 포도 DNA 프로파일을 생성한 다음 데이터베이스와 비교합니다. 이 데이터베이스를 통해 과학자들은 특정 포도의 DNA 프로파일을 캘리포니아와 프랑스에서 재배되는 주요 포도 품종의 600개 이상의 프로필과 비교할 수 있습니다. 이를 통해 자신의 농장에서 관리하는 품종의 계보를 확인하고 유지하는 데 도움을 받게 되죠.

산 것이든 죽은 것이든 전부
DNA로 추적한다!

와인 외에 다른 식품에서도 DNA 검사에 대한 의존도가 점점 증가하고 있습니다. 예를 들어 DNA 바코드는 식품의 원산지나 오염 여부를 결정하는 데 이용할 수 있어요.

이 책의 뒤 표지에서도 바코드를 볼 수 있을 거예요. 이것과 유사하게 동물의 DNA 바코드는 미토콘드리아에 있는 유전자의 특정 부분을, 식물의 DNA 바코드는 엽록체의 특정 부분을 표준 바코드로 사용해 종을 확실하게 구별할 수 있습니다.

형태학적 분류를 위해서는 완벽한 모습을 갖춘 종이 필요하죠. 하지만 DNA 바코드를 이용하면 동물의 살코기나 표피, 깃털 등 전문가도 식별하기 어려운 특정 부위만으로도 분류가 가능하다는 장점이 있습니다. 그래서 비싼 값으로 판매되는 횟감이 사실은 그것보다 값싼 생선을 사용한 것인지 알 수 있죠. 횟감으로 사용되는 생선의 종을 확인하는 것은 꽤 어려워요. 생선의 머리는 제거되고, 다듬어지고, 껍질도 벗겨진 채 살점만 사람들에게 제공되기 때문이죠. 그런데 DNA 바코드라는 분석 과정을 통해 생선 종류를 확인하는 작업이 상당히 손쉬워집니다.

DNA 바코드 분석으로 샥스핀이라는 중국요리에 사용된 상어의 종류가 멸종 위기종을 포함하고 있는지도 알 수 있어요. 상어의 지느러미가 햇볕에 말려져서 멀리까지 운반되고 화학적 처리까지 거쳐 수프처럼 완전히 조리된 음식에서도 DNA를 얻을 수 있다는 것은 정말 놀라운 일이죠.

또 진드기나 모기와 같이 피를 빠는 다른 소형 동물처럼 거머리의 배 속에 보존된 DNA를 통해 이제는 전 세계적으로 희귀한 위기종을 추적할 수 있습니다. 모기에 들어 있는 공룡의 혈액을 이용해 멸종된 공룡의 종류를 알아내고 복원한 〈쥬라기 공원〉이라는 영화(10장 참조)의 경우와 비슷하죠.

이제는 복잡하게 섞여 있는 종들도 차세대 DNA 시퀀싱으로 분리할 수 있습니다. 또 대형 화석이 남아 있지 않은 곳에서도 DNA 바코드를 통해 과거의 생물체를 연구할 수 있게 되었고요. 이를테면 토양 한 줌이나 바닷물 한 컵에서 그 지역에 살고 있는 동식물의 종류와 개체수의 비율을 알아낼 수도 있죠.

DNA 바코드를 실용적으로 사용할 수 있는 곳은 점점 늘어나고 있습니다. DNA 바코드는 예를 들어 세관 검사소에서 위기종을 확인하는 것처럼 과학수사에 널리 쓰입니다. 또 현장 연구에서 꽃이나 과일을 입수할 수 없고 나뭇잎만 갖고 있을 때나 성체의 특성을 파악할 수 없는 애벌레만 있을 때처럼, 다른 방법으로 쉽게 분류할 수 없는 표본을 확인할 때, 또는 위 속의 내용물이나 분비물의 DNA

를 분석해서 동물의 식생활을 판단할 때도 사용할 수 있죠. 티백 안의 식물이 정확히 어떤 종인지, 쇠고기가 진짜 한우인지를 확인하는 데에도 사용할 수 있어요. 이 모든 것이 음식의 품질과 적법성을 확인하는 데 굉장히 유용한 정보죠. 이제 우리는 살아 있는 것이든 죽은 것이든 전부 DNA로 추적할 수 있게 되었습니다.

+++

1974년부터 1986년까지 캘리포니아 전역에서 범죄를 저지른 '골든 스테이트 킬러'라고 불린 연쇄강간살인범은 족보를 찾는 웹사이트의 DNA 증거에 의해 검거되었습니다.

수사관들은 용의자로 추정되는 사람들의 가계도를 만들 수 있었고 결국 용의자를 특정할 수 있었죠. 하지만 연쇄살인범은 자신의 DNA 정보를 직접 등록하지 않았고, 족보를 찾으려는 사람들도 자신의 DNA 정보를 다른 목적을 위해 사용해도 좋다는 동의를 해준 것은 아니었어요.

DNA가 자신뿐만 아니라 친척들의 미묘한 정보를 포함하고 있다는 사실을 상기했을 때, 설령 연쇄살인범을 잡는다는 좋은 의도라 하더라도 동의 없이 타인의 DNA 정보를 사용하도록 허용할 수 있을까요? 그리고 이 정보를 악용한다면 어떤 일이 일어날까요?

7장

기대 혹은 우려,
유전공학

미생물과 동식물을 변형해 사람들에게 유용한 산물을 만드는 생명공학은 오래전에 시작되었습니다. 식량과 섬유를 얻기 위해 작물을 재배하고 수확하는 농업은 아마도 최초의 생명공학이었을 거예요. 이후 발효와 같은 과정을 통해 와인, 증류주, 치즈, 요구르트, 식초 등과 같은 제품이 생산되었죠.

현대 생명공학인 유전공학은 고의적인 돌연변이나 재조합 DNA, 유전자가위 등을 사용해 기존의 생물체를 유전적으로 변형하는 것입니다. 또 유전자 발현을 위한 활성 프로모터를 추가해 생물체를 평소에는 얻기 어려운 산물을 생산하는 공장으로 만들 수도 있어요. 프로모터는 전사 개시 신호(60쪽 표 1. 참조) 앞쪽에 있는 염기서열인데, 이곳에 mRNA를 만들고 유전자 발현을 담당하는 효소인 RNA 중합효소가 결합할 수 있습니다. 유전공학을 통해 사람

프로모터(promoter)
전사의 시작에 관여하는 유전자의 상류 영역. RNA 중합효소가 결합하여 전사가 시작되는 부위를 가리킨다.

들은 얻기 어려운 의약품을 얻거나 사람에게 유용한 형질을 갖는 생물체를 생산할 수 있습니다.

의학적으로 유용한 단백질 산물 생산, 바이오파밍

유전자 변형 생물체를 사용해 의학적으로 유용한 단백질 산물을 생산하는 것을 바이오파밍Biopharming이라고 합니다. 바이오파밍으로 가장 먼저 생산된 단백질 산물은 인슐린이에요. 인슐린은 혈당이 조직으로 흡수되도록 자극하는 호르몬 역할을 하는 단백질이죠.

당뇨병 환자는 인슐린을 만들지 못하므로 인슐린 주사를 맞아야 합니다. 이전에는 인슐린을 도축된 동물에서 추출했는데, 추출량이 적고 동물의 인슐린에 거부반응을 나타내는 사람들도 있었어요. 그래서 사람의 인슐린을 대량으로 만드는 방법이 필요했죠.

1978년 9월, 유전공학회사 제넨텍은 재조합 DNA 기술을 사용해 박테리아에서 사람 인슐린을 성공적으로 생산했다고 발표했습니다. 우선 51개의 아미노산으로 된 인슐린 유전자를 합성해 이 유전자를 프로모터를 가진 플라스미드에 넣어 재조합 DNA를 만들었어요. 그리고 이 플라스미드를 대장균에게 감염시켜 대형 발효 용기에서 단백질 산물을 만들도록 한 후 인슐린을 정제했습니다.

1982년 영국, 네덜란드, 독일, 미국의 해당 의약품 규제 기관에서는 재조합 DNA에서 유래한 사람 인슐린을 승인했습니다. 생명공학적인 방법으로 만들어진 인슐린은 이제 전 세계 당뇨병 환자에게 안정적이고 광범위하게 그리고 지속적으로 공급되고 있어요. 2020년 전 세계의 인슐린 시장 규모는 245억 달러에 달하는 것으로 추정됩니다.

현재 인슐린 외에도 왜소증 예방을 위한 인간 성장 호르몬, 혈우병을 치료할 수 있는 혈액 응고 단백질, 적혈구 생성을 자극하는 에리스로포이에틴 등 많은 재조합 단백질이 상업적으로 생산되고 있습니다. 박테리아 이외에도 젖소, 염소, 양과 같은 젖을 생산하는 동물이나 바나나와 같은 식물이 바이오파밍을 위한 유전자 변형 생물체로 많이 이용되고 있습니다.

GMO의 과거와 현재 그리고 미래

지금까지 대부분의 유전자 변형 연구·개발 및 상용화가 식물에서 먼저 이루어졌기 때문에 유전자 변형 동물에 앞서 유전자 변형 작물에 대해 논의해 보려고 해요.

식물은 동물과 달리 세포막 외부에 별도로 세포벽을 갖기 때문에 재조합 DNA를 도입하는 방법이 약간 다릅니다.

첫 번째는 아그로박테리움 투메파시엔스_Agrobacterium tumefaciens_라는 박테리아의 독특한 자연 감염 메커니즘을 이용해 식물에 외부 유전자를 도입하는 방법이에요. 이 박테리아가 식물 뿌리와 접촉하면 종양 유발 플라스미드 DNA가 식물의 게놈에 감염됩니다. 일반적으로 이 DNA가 암호화하는 몇 개의 유전자가 식물 호르몬 수치를 변화시켜서 통제되지 않는 세포분열을 일으켜 식물 종양이 형성되죠. 이 플라스미드 DNA에서 종양 형성을 유발하는 유전자를 잘라 내고 식물에 도입하고자 하는 특정 유전자로 대체해 식물 유전공학에 이용할 수 있습니다. 이때 박테리아는 운반체 역할을 하여 외부 유전자를 식물에 도입하죠. 이 방법은 감자, 토마토, 담배와 같은 특정 식물에 특히 효과적이지만 벼, 밀, 옥수수와 같은 주식 작물에서는 성공률이 낮습니다.

두 번째는 원하는 유전자를 포함하는 DNA 분자를 작은 금이나 텅스텐 입자 표면에 입힌 후 고압으로 식물 조직 또는 단일 식물 세포에 쏘아 넣는 유전자 총 방법입니다. 가속된 입자는 세포벽과 세포막을 모두 통과하고, DNA는 세포 내부에서 금속에서 분리되어 핵 내부의 식물 게놈에 통합되죠. 이 방법은 벼, 밀, 옥수수와 같은 많은 재배 작물의 유전자 변형에 성공적으로 적용되었습니다.

유전자 변형 작물은 농부가 작물을 쉽게 재배할 수 있도록 하거나, 소비자가 더 유익한 작물을 사용할 수 있도록 해 준다는 논리로 개발되었습니다.

제초제 저항성 작물

가장 널리 사용되는 GMO 중 하나는 생명공학 대기업인 몬산토 사가 개발한 '라운드업'이라는 상품명의 제초제에 내성을 갖게 하는 박테리아의 유전자가 포함된 작물(라운드업 레디)입니다.

글리포세이트는 라운드업의 주성분으로 식물의 성장에 필수적인 세 가지 아미노산인 페닐알라닌, 티로신, 트립토판의 합성을 방해해 식물을 죽이죠. 잡초 방제에 효과적인 이 제초제는 그러나 잘못 살포하면 유용한 작물도 죽일 수 있어요. 라운드업 저항성 농작물을 유전자 조작한 근거는 여기에서 비롯되었습니다. 라운드업을 살포했을 때 잡초는 죽지만 작물은 죽지 않아서 농부는 잡초를 제거하는 수고를 덜 수 있으니까요.

라운드업에 저항성을 나타내는 피튜니아의 돌연변이체 효소 유전자를 작물에 도입했습니다. 이 제초제 저항성 작물을 심으면 제초제 피해를 염려하지 않고 자유롭게 농경지에 제초제를 살포할 수 있어요.

전 세계적으로 제초제 저항성 유전자 변형 작물의 도입은 매우 빠르게 진행되어 현재 대두, 옥수수, 면화, 카놀라, 사탕무 등 매년 1억 5천만 헥타르의 면적에서 재배되고 있습니다.

해충 저항성 작물

토양에서 흔히 발견되는 바실러스 서링기엔시스*Bacillus thuringiensis, Bt* 는 오랫동안 옥수수좀을 안전하고 효과적으로 죽이는 것으로 여겨져 온 천연살충제인 Bt 단백질을 생산하는 박테리아입니다. Bt 단백질은 창자에 구멍을 내어 곤충을 죽이지만 사람이나 다른 포유류에는 영향을 미치지 않는다고 알려졌어요.

먼저 단백질을 암호화하는 유전자를 분리하고 클로닝해 금 표면에 입힙니다. 이것을 유전자 총으로 발사하면 유전자 변형 Bt 옥수수를 만들 수 있어요. 옥수수 이외에도 면화, 감자, 대두, 벼 등에 유전자 변형 Bt 형질이 도입되었고, 2020년 현재 8천만 헥타르의 면적에서 재배되고 있습니다.

황금쌀

인류의 건강을 개선할 수 있는 가장 큰 잠재력을 가진 유전자 변형 작물은 황금쌀입니다. 황금쌀은 실명이나 사망까지 초래할 수 있는 비타민A 결핍증을 퇴치하기 위해 개발되었죠. 쌀은 지구상에서 가장 흔한 식품 중 하나이며, 실제로 세계 인구의 절반가량이 쌀을 주식으로 해서 살아가고 있어요.

과학자들은 모든 사람에게 비타민A 보충제를 제공하는 것은 현실적으로 어렵기 때문에 비타민A가 함유된 쌀을 만드는 것이 해답이라고 믿었습니다. 황금쌀은 쌀알에서 베타카로틴을 생산하도록 설계되었죠. 인체는 이 베타카로틴을 비타민A로 전환합니다. 황금쌀이라는 이름은 첨가된 베타카로틴이 쌀에 부여하는 밝은 황금빛에서 유래되었어요.

황금쌀의 홍보를 위해 개발도상국에 대한 무료 사용권은 빠르게 허용되었습니다. 인도주의적 사용과 상업적 사용 사이의 경계선은 1만 달러로 설정되었고요. 따라서 황금쌀을 사용하는 농부나 후속 사용자가 연간 1만 달러를 초과하지 않는 한 로열티를 지불할 필요가 없습니다. 또 농부들은 특허받은 종자를 보관하고 다시 심을 수 있죠. 하지만 이 제품은 아직 상업적 생산이나 판매가 승인되지 않았습니다.

크리스퍼 유전자가위를 활용한 GMO 2.0

현재 농업에서는 유익한 특성을 가진 작물을 생산하기 위해 다양한 유전자 변형 작물을 개발하고 있습니다. 이러한 특성에는 저장성 향상, 질병 저항성, 스트레스 저항성 등이 포함됩니다.

최근 크리스퍼 유전자가위를 활용한 새로운 유전자 변형 생물체를 GMO 2.0이라고 부릅니다. 현재 수확 후 갈변하지 않는 양송이, 제초제에 저항성을 갖는 밀·카놀라·벼, 흰가루병에 저항성을 갖는 밀, 수확량이 많은 벼, 비타민A를 만드는 베타카로틴이 풍부한 옥수수 등이 개발되었죠.

미국, 오스트레일리아, 일본 등의 규제 당국은 외래 유전자를 도입하지 않고 특정한 유전자만 녹아웃(염기의 탈락이나 첨가를 통한 유전자의 기능 상실)시키는 유전자 편집 식물에 대해 사전 심의를 면제하고 있습니다. 그러나 모든 나라에서 유전자 편집 작물의 규제가 일관되게 진행되는 것은 아니에요. 특정 유전자 편집 작물의 이용 가능성과 상업화는 GMO와 마찬가지로 각국의 규정과 대중의 수용도에 따라 달라질 수 있습니다.

유전자 변형 작물에 대한 우려와 대처

바이오파밍에 의한 의약품 생산과는 달리 1980년대부터 시작된 GMO에 의한 식품 생산은 많은 논란을 불러일으켰습니다. DNA 재조합 기술은 과학자의 엄격한 자기 규제 과정을 거쳐서 정착되었지만 GMO의 생산과 판매는 대중의 동의와 같은 아무런 공론화 과정 없이 이루어졌기 때문일 수도 있어요.

유전자 변형 작물에 대한 열띤 논쟁으로 인해 시위와 소송이 잇달았고, 많은 저서와 논문이 출간되었습니다. 나라에 따라 그리고 대중의 수용 여부에 따라 유전자 변형 식품에 대한 규제 방식과 허용 정도는 크게 다릅니다. 유전자 변형 식품의 사용에 대해 첨예하게 찬반이 갈리기도 하죠. 옹호 단체는 반대 단체를 향해 주로 유전 공학 비전문가들이라고 비판합니다. 하지만 반대 단체는 옹호 단체가 유전자 변형 식품을 통해 금전적 이득을 얻고, 많은 과학자가 관련 연구비를 받기 때문에 편향적이라고 주장하죠.

유전자 변형 식물을 재배하면 생산성이 높아지고, 비용이 절감되며, 경우에 따라 영양가가 향상되는 등 이로운 점이 있습니다. 또 해충 저항성 작물의 경우 화학 살충제의 필요성이 줄어들어 환경적 이점도 있지요. 유전자 변형 식품을 섭취하는 것이 해로울 수 있다는 대중의 우려가 있지만, 장기적인 인체 부작용에 대해 보고된 바는 아직 없습니다.

몇 가지 우려

유전자 변형 작물에 대한 우려는 크게 환경적 위험, 인체건강 위험, 사회경제적 우려로 나눌 수 있습니다. 환경적 위험 중 하나는 유전자 변형 작물이 잡초와 같은 다른 식물에 외부 DNA를 옮길 수 있다는 것입니다. 제초제 저항성 유전자가 잡초로 옮겨지면 제초제에 내성을 갖는 '슈퍼잡초'가 만들어지겠죠. 그리고 유전자 변형 작물에 도입된 유전자가 비변형 작물로 수평전달(유전자가 인접 지역에서 함께 자라는 생물체로 전달되는 것)될 수도 있어요. 몬산토는 종자를 구입하지 않고 자사의 유전자 변형 식물을 재배했다고 농부들을 고소했는데, 이 과정에서 이러한 교배 가능성이 확인되었어요.

또 다른 환경 문제는 다른 생물체에 의도하지 않은 피해를 끼친다는 것입니다. 〈네이처〉에 발표된 한 실험 결과에 따르면, Bt 옥수수의 꽃가루가 제왕나비 애벌레의 치사율을 높이는 것으로 나타났습니다. 제왕나비 애벌레는 일반적으로 옥수수가 아닌 유채를 먹지만, Bt 옥수수의 꽃가루가 바람에 의해 인근 밭의 유채 식물에 날리면 애벌레가 그 꽃가루를 먹고 죽을 수도 있습니다. 그러나 더 연구해 본 결과 밭에서 Bt 옥수수를 재배해도 제왕나비 개체수에 미치는 영향은 무시해도 될 정도로 미미한 것으로 나타났어요. 현재까지의 증거에 따르면 Bt 옥수수는 기존의 화학물질 살포보다 환경적으로 안전한 해충 방제 전략이라고 합니다. 하지만 Bt 작물이 비표적 생물에 영향을 미칠 가능성을 완전히 배제할 수는 없죠. 일부 모기 개체군이 현재는 사용이 금지된 살충제인 DDT에 내성을 갖게 된 것처럼, 많은 사람들은 곤충이 자체 살충제를 생산하기 위해 유전자 변형된 Bt 작물에 대한 내성을 갖게 될 것을 우려하고 있습니다.

유전자 변형 식품이 인체 건강에 미치는 가장 큰 위험 중 하나는 알레르기 유발성입니다. 많은 어린이가 땅콩 및 기타 식품에 생명이 위험할 정도의 알레르기를 일으킵니다. 알레르기 유발 물질로 작용할 수 있는 새로운 단백질을 암호화하는 새로운 유전자가 식물에 도입되면 민감한 사람은 알레르기 반응을 일으킬 수 있어요. 식품 알레르기가 있는 소비자에게 해를 끼칠 가능성을 피하기 위해서는 모든 유전자 변형 식품을 광범위하게 테스트해야 합니다. 소수의 사람이라도 유전자 변형 식품에 알레르기를 일으킬 경우 유전자 변형 식품에 표기를 해야 하죠. 또 천연 식품에서 발견되는 알레르기 유발 단백질을 제거하기 위해 유전공학을 사용할 수 있다는 점도 표기해야 합니다.

유전자 변형 식품의 사회경제적 측면도 생각해야 합니다. 개발도상국이 자체적으로 유전자 변형 식품을 개발할 수 있는 기술을 갖추기 어렵다는 점을 고려할 때, 유전자 변형 식품을 사용한다는 것은 다국적 기업과 국제 연구 기관에 식량 생산을 의존해야 한다는 것을 의미합니다. 이는 많은 개발도상국의 식량 안보 문제를 약화시킬 수 있어요. 또 유전자 변형 종자의 가격이 높기 때문에 영세 농들이 농사를 그만둘 가능성도 높습니다.

사실 녹색혁명(기술혁신으로 20세기 후반에 이루어진 획기적 식량 증산 현상)으로 식량 생산량이 크게 늘었고 1980년 이후 세계 식량 생산량이 지속적으로 인구 증가율을 앞지르고 있음에도 불구하고 오늘날 더 많은 사람이 굶주리고 있습니다. 기아는 식품 생산량이 부족하기 때문이 아니라 토지, 돈, 기타 자원이 부족해서 발생합니다. 이러한 근본적인 구조 문제를 해결하지 않고 유전자 변형 식품을 도입하면 기아와 식량 안보 문제를 더욱 악화시킬 수 있어요.

각 나라의 대처

각국 정부는 유전자 변형 식품의 사용과 관련된 위험을 평가하고 관리하기 위해 다양한 접근 방식을 취합니다. 가장 두드러진 차이는 미국과 유럽연합EU에서 볼 수 있어요. 미국에서는 많은 식품이 유전자 변형 제품이라는 특별한 표시 없이 상업적으로 판매되고 있습니다. 반면 유럽연합에서는 승인된 제품이 거의 없으며 사실상의 승인절차 중단으로 인해 대부분의 유전자 변형 작물의 생산과 수입 및 국내 판매가 제한되어 있습니다. 스페인, 포르투갈, 체코, 루마니아, 슬로바키아 등 유럽연합 다섯 개 국가만이 유전자 변형 작물을 재배하고 있으며, 그 양은 전 세계 유전자 변형 작물 재배량의 0.1% 미만에 불과합니다. 또 유럽연합에서 허용되는 소수의 유전자 변형 식품이라도 반드시 유전자 변형 식품임을 명확하게 표시해야 합니다.

유럽은 왜 유전자 변형 식품을 반대할까요? 이 질문에 간단히 답할 수는 없습니다. 다만 유럽의 분열된 정치, 다양한 지형, 소규모 농업 전통으로 인해 아메리카 대륙에서 유전자 변형 작물 생산에 사용되는 대규모 농업 기술을 사용하기 곤란하다는 점을 이유로 들 수 있습니다. 몬산토나 바이엘과 같은 대형 농화학 기업이 가장 간단한 유전자 변형 종자를 개발하는 데에도 약 2억 달러의 비용이 듭니다. 이러한 투자는 공격적 마케팅과 종자 독점 소유권을 통해 회수되죠. 유럽연합이 유전자 변형 식품에 대해 반대하는 것은 상당 부분 지역 농업을 보호하려는 경제적 이유에서 비롯된 것이지만, 표면적으로는 환경과 건강에 대한 우려를 내세우고 있습니다.

우리나라에서 상업적으로 재배되는 GMO는 없습니다. 승인 절차에 따라 콩, 옥수수, 면화, 카놀라 등이 식용이나 사료용으로 수입되고 있죠. 또한 국내에서 판매되는 유전자 변형 농산물과 가공식품, 사료 등을 대상으로 유전자변형식품표시제를 시행하고 있습니다. 식품용으로 승인된 유전자 변형 농축산물과 이를 원재료로 사용한 제품 중 제조·가공 후에도 유전자 변형 DNA 또는 유전자 변형 단백질이 남아 있는 식품 또는 식품첨가물(콩, 옥수수, 카놀라, 면화, 사탕무, 알팔파 등 6개 작물)을 대상으로 합니다. 단 유전자 변형 농산물이 비의도적으로 3% 이하로 섞인 농산물과 이를 원재료로 사용해 제조·가공한 식품 또는 식품첨가물, 고도의 정제과정 등으로 유전자 변형 DNA 또는 유전자 변형 단백질이 전혀 남아 있지 않아 검사가 불가능한 당류나 유지류 등은 표시 예외 대상입니다.

유전자 변형 동물의 몇 가지 사례

이제까지 초파리, 모기, 벌레, 말미잘, 물고기, 생쥐, 소, 양, 영장류(마모셋) 등을 비롯한 유전자 변형 동물은 대부분 연구 목적으로 생산되었지만, 어떤 동물은 생산성이나 식품의 품질을 향상시키기 위해 변형되었습니다.

가장 흥미로운 것 중 하나는 아쿠아바운티 테크놀로지스가 더 빨리 최대 크기로 자라도록 만든 유전자 변형 연어입니다. 이 연어는 태평양 연어의 성장 호르몬 암호화 유전자와 장어와 같은 어류의 프로모터 서열을 결합하여 만들어졌습니다. 유전자 변형 연어의 성장 호르몬은 몇 달이 아니라 1년 내내 생산될 수 있어요. 따라서 3년이 아니라 18개월이라는 절반의 시간에 최대로 자랄 수 있으며, 더 일찍 시장에 출시할 수 있지요. 아쿠아바운티는 2015년 11월에 유전자 조작 연어의 생산과 판매 및 소비에 대한 FDA(미국식품의약국)의 승인을 받았습니다. 아쿠아바운티의 연어는 식품으로 사용이 허용된 최초의 유전자 변형 동물입니다. 별도의 표시가 되어 있지 않기 때문에 소비자들이 모르고 먹을 수도 있습니다.

한 가지 다른 예를 들어 볼까요? 과학자들은 젖소를 유전자 변형시켜 기능성이 있는 식음료 제품을 만들려고 노력합니다. 2011년 중국 과학자들은 사람의 유전자를 조작해 사람의 모유와 같은 우유를 생산할 수 있는 젖소 300마리를 만들었습니다. 이는 모유를 생산할 수 없지만 자녀에게 분유 대신 모유를 먹이기 원하는 엄마들에게 도움이 될 수 있겠죠. 연구팀은 이러한 형질전환 젖소가 모유와 같은 우유를 생산하는 것 외에는 일반 젖소와 동일하다고 주장합니다.

연구팀은 또 젖당불내증을 앓고 있는 사람들이 마실 수 있는 우유, 생선과 견과류에 일반적으로 존재하는 건강한 지방산인 오메가-3 지방산을 많이 함유한 우유를 생산하는 두 번째 젖소를 만드는 데 성공했다고 발표했습니다. 젖당불내증이 있는 사람은 우유를 제대로 소화할 수 있는 능력이 부족한데 이런 문제를 개선할 수 있고, 오메가-3 지방산은 심장질환을 예방하고 뇌 기능에 중요한 역할을 함으로써 사람의 건강에 이로운 것으로 알려져 있습니다.

유전자 변형 동물을 만드는 연구는 유전자 변형 식품에 대한 논쟁에 다시 불을 붙일 가능성이 큽니다. 유전자 변형 연어는 정말 우리가 안심하고 먹어도 될까요? 기대한 것보다 훨씬 생장률이 빠른 유전자 변형 연어가 사육장에서 벗어나 자연 생태계로 방출되면 더 많은 자원을 소비할 수 있고 다른 종의 개체군에 해를 끼칠 수도 있습니다. 유전자 변형 우유를 생산하는 젖소는 우유의 자연적 생산 경로를 방해할 수 있고요. 이로 인해 우유에 포함된 다른 영양소에 해로운 영향을 미치는 등 의도하지 않은 결과가 발생할 수 있습니다. 과학자들은 아직 어떤 영향을 얼마나 미치게 될지 가늠조차 못 하고 있는 실정이에요.

+++

유전공학에 대해서는 다음과 같은 반론이 있을 수 있습니다. 이런 반론에 어떻게 답할 수 있을까요?

개인 또는 집단의 유전자 변형은 가상의 위험을 수반하기 때문에 디자이너 아기를 생산해 유전자 풀을 수정하는 것에 대해 반대합니다. 이 행위는 부유한 사람들만 비용을 감당할 수 있고 소위 유전적 엘리트를 만들 수 있죠.

또 우발적이거나 고의적으로 치명적 병원체를 생성할 가능성에 대해 우려하는 사람도 있습니다.

한 종에서 다른 종으로 유전자를 옮겨 형질전환 종을 만드는 것이 불경스럽다는 근본적인 반대도 있습니다.

+++

다행히 재조합 DNA 기술의 위험성에 대한 우려는 대부분 기우에 불과했고 불미스러운 사건은 발생하지 않았습니다. 1975년에는 심각한 예방 조치가 필요했던 실험이 오늘날에는 과학 실험실에서 이루어지고 있지요. 최근 비슷한 우려를 불러일으킨 과학기술의 발전에는 어떤 것이 있을까요? 사회가 계속 신중한 태도를 취하는 것이 좋은 것일까요, 아니면 우려가 과장된 것일까요?

8장

가능성과
윤리적 문제 사이에서,
분자의학

DNA가 돌연변이하면 여러 유전질환을 발생시킬 수 있습니다. 그러나 DNA 기술을 활용한 의학유전학의 발달로 좀 더 효율적으로 조기에 유전질환을 발견하게 되었지요. 염색체 이상의 구분, 대립유전자의 돌연변이 조사, 이 돌연변이로 인한 산물 분석 등으로 가능한 한 조기에 질병을 검출하기 위해 노력하고 있습니다.

　또 질병을 일으키는 이 돌연변이를 교정하기 위해 재조합 DNA 기술과 유전자가위 기술을 사용하는 유전자 치료가 체세포와 생식세포를 대상으로 이루어지고 있어요. 이 유전자 치료는 많은 가능성과 함께 윤리적 문제 또한 내포하고 있습니다.

태아의 세포에서 유전질환의 유무를 밝힌다

　출생 전의 배아나 태아를 대상으로 유전적 상황을 미리 조사할 수 있습니다. 일반적으로 임신 8주까지를 배아라고 하고, 8주 이후 출산까지를 태아라고 합니다.

난자와 정자가 수정되어 만들어진 수정란이 분열해 여덟 개의 세포가 되는 8세포기 배아에서 착상이 이루어지기 전에 DNA를 추출하여 유전적 상황을 조사할 수 있습니다. 이 시기의 배아는 시험관 내 조작이 가능한 상태이므로 시험관 아기에 대한 유전적 조사를 수행할 때 유용하죠. 여덟 개 세포 중 하나를 떼어 검사하고 나머지 일곱 개의 세포를 자궁에 착상시켜 임신 상태를 지속할 수 있습니다.

또 다른 방법으로는 태아의 피부에서 떨어져 나온 세포가 들어 있는 양수를 소량 뽑아내 검사하는 양수천자법과 태반을 대상으로 살아 있는 조직을 검사하는 융모생검법이 있어요. 모두 태아의 세포를 얻어 염색체나 유전자를 검사하여 유전질환의 유무를 구분할 수 있는 방법입니다.

물론 신생아나 성인을 대상으로도 유전자 검사를 할 수 있어요. 하지만 유전자 검사는 비용이 만만치 않기 때문에 모든 유전적 이상에 대해 검사를 받도록 하기보다는 임상의가 필요하다고 판단한 경우에만 검사가 이루어집니다. 우선 가계 구성원의 병력을 조사하거나 집단 내에서 발병할 수 있는 확률에 기초해 위험성 여부를 판단합니다.

집단 내 유전질환의 출현 빈도가 높기 때문에 수행하는 유전자 검사의 예를 살펴볼게요. 미국 흑인 집단에서의 낫세포빈혈증, 지중해와 남동아시아 출신 집단의 지중해성빈혈증, 동유럽 출신 유대인의 테이삭병, 서유럽인(특히 아일랜드인)의 낭포성섬유증은 모두 단일 열성 유전자에 의해 나타나기 때문에 유전자 검사가 필요합니다.

질환 빈도가 높은 집단에 속한 사람이 아니더라도 확률 측면에서 질환 빈도가 낮은 것일 뿐입니다. 질병 유전자가 나타날 가능성은 항상 존재하죠. 유전자 검사는 지원자를 대상으로 그리고 조사를 받아야만 당사자와 그 자손에게 유리하다는 인식이 있을 때 이루어집니다. 또 집단의 지도자나 성직자에게도 그 소속원들이 유전자 검사를 받도록 설득하기도 합니다.

유전자 검사 정보, 어떻게 활용할까

유전자 검사 결과 질환이 확인되면 이제는 그 환자와, 또 만약 환자가 어린이라면 그 부모와 어떻게 대처할지 논의해야 합니다. 우리가 확실하게 알고 있는 지식과 윤리적 원칙에 근거한 어떤 선택이 이루어져야 할 것입니다. 유전 상담사들은 이 선택에 관한 조언을 해 줄 수 있습니다. 그러나 윤리적 문제 때문에 유전 상담사가 환자 대신 어떤 결정을 내릴 수는 없어요.

유전자 검사 후 어떤 결정을 내려야 한다는 것은 당사자에겐 매우 어려운 일입니다. 유전질환이 심각한 아기를 가질 확률이 높다면 태아를 유산시키거나, 치료하거나, 임신 대신 입양이라는 결정을 내릴 수 있지요. 그러나 부모와 태아의 검사 결과를 가지고 태아를 죽이는 것은 어떤 이유로든 정당화될 수 없다고 주장하는 사람들도 있습니다.

유전자 검사를 할 수 있다는 것은 인류에게 주어진 혼돈스러운 축복 중 하나입니다. 유전자 검사를 함으로써 유전자 결함을 치유 또는 억제할 수 있거나 유전자 검사 결과 이형접합자로 판정되었지만 아기를 가지기로 결정하는 등의 상황 전개는 그래도 유전자 검사의 의미가 잘 진행되고 있음을 보여 주죠. 그러나 거의 모든 유전질환은 치유될 수 없습니다.

그런데도 조절이나 치유가 불가능한 헌팅턴병에 대한 조사를 하는 이유는 무엇일까요? 한 가지 이유는 이 유전질환을 가진 사람이 아기를 가질 것인지 여부를 결정하게 도와준다는 것입니다.

이형접합자

상동염색체 쌍이 갖는 특정 유전자의 대립유전자를 가진 2배체 생물체. 동일한 대립유전자를 가진 동형접합자에 상대되는 말로 이형접합체라고도 한다.

결함 있는 유전자를 바로잡는, 유전자 치료

생물학자는 박테리아, 식물, 동물을 유전적으로 조작하는 방법을 배웁니다. 이런 기술을 사람에게도 적용할 수 있을까요? 사람의 많은 유전질환은 단일 유전자의 돌연변이로 인해 발생하기 때문에 재조합 DNA 기술이나 유전자가위 기술을 사용하여 유전질환을 치료할 수 있는 가능성이 보입니다. 유전자 치료는 사람의 유전자를 바로잡는 것입니다.

유전자 치료에는 체세포 유전자 치료와 생식세포 유전자 치료의 두 가지 주요 유형이 있어요. 체세포 유전자 치료는 생식세포(정자 및 난자 세포)를 제외한 신체의 모든 세포인 체세포를 표적으로 삼습니다. 이 유형의 치료에서는 일반적으로 바이러스를 사용하여 교정된 유전자를 환자의 체세포에 도입합니다. 그러면 교정된 유전자가 환자의 세포에 없거나 결함이 있는 기능성 단백질을 생산하여 궁극적으로 질환을 치료할 수 있다는 개념이죠.

유전자 치료를 위해 우선 DNA를 교정할 필요가 있는 결함이 있는 세포를 환자로부터 채취합니다. 그런 다음 운반체로 사용할 바이러스를 실험실에서 유전적으로 변형시켜 무해하게 만듭니다. 환자 세포의 병든 유전자 대신 건강한 유전자를 이 변형 바이러스에 넣은 다음 환자로부터 채취한 세포에 감염시킵니다. 세포는 바이러스 내의 유전자를 사용해 건강한 단백질을 만들고, 이 변형된 세포를 다시 환자에게 넣어 건강한 단백질이 질병을 치료하도록 합니다.

유전자 치료는 특정 유전자의 돌연변이로 인한 유전질환 치료를 목표로 하는 유망한 분야입니다. 유전자 치료는 근본적인 유전적 결함을 교정하기 위해 정상 유전자를 추가, 제거 또는 건강한 유전자로 대체하는 것을 포함합니다(그림 18).

아직 비교적 새롭고 실험적인 분야인 만큼 유전질환에 대한 일상적 치료법이 되기까지 극복해야 할 과제가 많아요. 그러나 최근 크리스퍼 유전자가위와 같은 유전자 편집 기술의 발전으로 유전자 치료에 대한 새로운 가능성이 열렸습니다. 교정한 유전자를 바이러스 체세포에 넣어 보충해 주는 방식으로 진행되던 치료 방식은 이제 세포에 직접 유전자가위를 넣어 결함 유전자를 교정하는 방식으로 바뀌고 있습니다.

모델 동물의 유전질환을 교정하기 위해 크리스퍼를 사용한 최초의 사례는 2014년에 발표되었죠. 사람의 유전질환인 티로신혈증 연구는 인간 질병의 마우스 모델에서 수행되었으며, 연구자들은 유전자 편집 치료법을 사람에게 적용하는 데 한 걸음 더 가까워졌습니다.

현재 크리스퍼 유전자가위로 뒤센근이영양증에 걸린 비글의

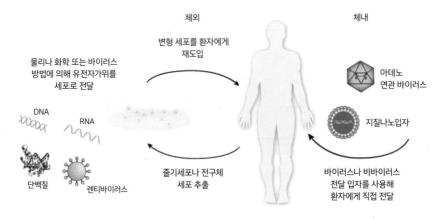

체외
변형 세포를 환자에게
재도입

체내

물리나 화학 또는 바이러스
방법에 의해 유전자가위를
세포로 전달

아데노
연관 바이러스

DNA

지질나노입자

RNA

단백질

렌티바이러스

줄기세포나 전구체
세포 추출

바이러스나 비바이러스
전달 입자를 사용해
환자에게 직접 전달

그림 18. 유전자 치료의 방법.

다리 근육량을 크게 증가시켰고, 마우스의 유전적 난청을 교정했으며, 사람의 배아에서 비후성심근증 유전자를 교정했고, 돼지에서 면역거부반응과 관련된 62개의 유전자를 동시에 편집해 이종이식 가능성을 높였습니다. 또 바이러스 게놈의 핵심 요소를 침묵시킴으로써 HIVHuman Immunodeficiency Virus(인간의 몸 안에 살면서 면역기능을 파괴하는 바이러스로, 에이즈를 일으킨다) 및 B형 간염과 같은 바이러스성 질환을 치료할 수 있는 수단으로도 연구되고 있죠. 이러한 게놈 편집의 성공적인 초기 사례들은 잠재적인 응용 분야를 알려줍니다.

찬방양론이 팽팽한, 생식세포 유전자 치료

생식세포 유전자 치료는 아직 초기 단계예요. 2015년 2월 영국 의회는 논란의 여지가 있는 세 부모, 즉 어머니, 아버지, 여성 미토콘드리아 기증자로부터 아기를 만드는 기술을 승인했습니다.

미토콘드리아 DNA는 사람의 전체 게놈의 0.1%에 불과하지만 심각한 유전질환을 일으킬 수 있습니다. 어린이 7500명 중 한 명에게 영향을 미치는 유전성 미토콘드리아 DNA 질환은 뇌 손상, 근육 소모, 심부전, 실명 등으로 이어질 수 있죠. DNA 서열을 통해 산모가 자녀에게 미토콘드리아 DNA 질환을 대물림할 가능성이 확인되면, 새로운 기술로 산모의 미토콘드리아 DNA를 다른 여성의 것으로 대체할 수 있습니다.

기본적으로 이 기술은 미토콘드리아가 손상된 잠재적 산모와 건강한 미토콘드리아를 가진 기증자로부터 난자를 채취하는 것으로 구성됩니다. 그런 다음 대부분의 유전물질을 포함하는 핵을 두 난자에서 제거합니다. 어머니의 핵을 기증자의 난자에 삽입해 아버지의 정자로 수정시킬 수 있습니다. 그 결과 기증자로부터 미토콘드리아의 게놈을 받은 아기가 태어나며, 이 DNA는 세대를 거쳐 영구적으로 전달됩니다.

찬성 또는 반대

손상된 미토콘드리아를 교체하는 것은 생식세포 치료의 시작에 불과합니다. 이제는 크리스퍼 유전자가위로 인간 염색체의 모든 유전자를 교환하거나 수정할 수 있는 기술을 사용할 수 있습니다. 2015년과 2016년에 중국의 한 과학자 팀은 생존 불가능한 인간 배아에서 유전적 변화를 유도하기 위해 크리스퍼 유전자가위를 사용했다고 발표했습니다.

그리고 2018년 말, 중국 과학자 허젠쿠이He Jiankui는 국제유전체편집정상회의에서 인간 배아와 그 자손을 HIV 감염에 덜 취약하게 만들기 위해 크리스퍼를 사용하는 데 성공했다고 보고했죠. 그러나 이 실험은 과학적으로도 윤리적으로도 문제가 많았습니다. 일례로 해당 유전자인 CCR5가 녹아웃되면 수명을 단축시킬 가능성이 제기되었어요. 2019년 말, 허젠쿠이는 윤리와 의료 관행을 무모하게 무시한 혐의로 벌금형과 3년의 징역형을 선고받았습니다. 과학자들이 아직 사람에 대한 크리스퍼 유전자가위의 안전성을 충분히 검토하지 않았고, 생명윤리학자들도 우생학으로 알려진 '맞춤형 아기'의 유령을 다시 한번 불러들이는 것은 아닌지 우려하고 있어요. 그래서 이런 연구를 완전히 막을 것인지, 또는 엄격한 규제 아래 진행되도록 할 것인지 고민하고 있습니다.

2015년 미국의 저명한 생물학자들은 생식세포 게놈 변형의 파급 효과가 제대로 논의될 때까지 이를 강력하게 저지해야 한다는 호소문을 발표했습니다. 대중의 태도에 대한 설문조사에서도 비의학적 이유로 배아에서 유전자 편집을 사용하는 것에 대한 불안감이 드러났죠.

철학자들은 입장이 다양합니다. 어떤 이들은 생식세포를 조작할 수 있다는 전망에 대해 많은 사람이 느끼는 반사적 경계심을 진지하게 받아들여야 한다고 말합니다. 생식세포 공학이 잘못되었다는 심오한 도덕적 직관에서 비롯되는 혐오 요인을 존중해야 한다고도 하죠. 예를 들어 유전적으로 더 똑똑하거나 더 아름다운 사람을 만드는 것은 개인이 성취에 대한 자부심을 더 느낄 수 없기 때문에 인간 존재를 왜곡할 것이라고 주장합니다. 다른 윤리적 반대 의견은 생식세포 변형이 불평등과 갈등을 심화시킬 것이라는 우려에서 나왔어요. 예를 들어, 자본주의와 유전자 기술이 결합하면 유전적으로 계급이 나뉠 수도 있습니다.

그러나 많은 학자들은 유전자 치료를 도덕적으로 반대하는 것에 수긍하지 않으며, 오히려 인간 복지 개선 수단인 유전자 치료를 무시하는 것이 비윤리적이라고 주장합니다. 예를 들어 사람은 질병을 퇴치하는 의학, 기후의 변화를 이겨 낼 수 있는 주거와 의복, 상호작용하고 학습하고 조직하는 능력을 뒷받침하는 문자를 개발해 왔기 때문에 생식세포도 그런 차원에서 도덕적으로 용납할 수 있다고 주장하는 것이죠.

인간의 욕망과 인류의 미래

현재로서는 생식세포의 변형이 사람을 더 건강하고, 더 똑똑하고, 더 인간답게 만들 수 있는지 알 수 없어요. 또한 궁극적으로는 학계가 이 문제를 중재할 수 있을 것 같지도 않습니다. 생식세포를 안전하게 의학적 또는 비의학적 방법으로 변형할 수 있는 수단이 발견된다면 상업적 이익이 분명히 승리할 것입니다. 그리고 선진국의 실험실에서 이러한 기술을 개발하는 것이 허용되지 않는다면 규제가 덜한 지역에서 연구가 이루어질 가능성이 높습니다. 결국 인류 전체에게 미치는 파급력이 아무리 크더라도 자신이나 사랑하는 사람을 위해 더 깊고 만족스러운 삶을 살 기회를 확보하려는 인간의 욕망을 막기는 어렵습니다.

인간 게놈을 수정할 때 발생하는 윤리적 문제는 분명히 존재합니다. 인간 유전공학으로 유전병을 예방하거나 치료하는 것은 불가피한 일이에요. 하지만 눈 색깔과 같은 외모를 개선하거나 운동능력을 향상시키기 위해 유전자를 조작할 수 있을까요? 지난 100년 동안 눈꺼풀이 처지는 질병인 안검하수를 치료하기 위해 시행되었지만 현재는 미용을 위해 널리 사용되는 쌍꺼풀 수술을 그 예로 들 수 있습니다.

하지만 중요한 차이점이 있어요. 유전자의 변화는 미래 세대에게 전달됩니다. 인간 배아의 유전공학은 우생학에 기반한 인간 집단을 만들 수 있다는 두려움을 불러일으키죠. 여기서 우리는 윤리학자 오트프리드 회페Otfried Höffe의 "유전학적 연구의 이익은 사회 전체 구성원에게 차별적으로 적용 및 분배되지만 그 위험 및 피해는 미래 세대를 포함한 인류 전체에게 무차별적으로 분배된다"는 말을 기억할 필요가 있을 것입니다.

온라인으로 직접 주문하는,
DTC 유전자 검사

유전자 변이가 형질과 질병에 미치는 영향에 대한 새로운 지식과 더 빠르고 정확하며 저렴한 검사 기술의 가용성이 결합해 소비자가 의료인의 승인 없이도 온라인으로 유전자 검사를 직접 이용할 수 있는 길이 열렸습니다.

2000년대 초, 대중에게 직접 유전자 검사 서비스를 제공하는 회사들이 최초로 설립되었죠. 의사의 처방 없이 신용카드만 있으면 온라인으로 검사를 구매할 수 있습니다. 원래 이 검사는 의료 서비스 제공자가 주문하는 일반적인 임상 검사처럼 의학적 결정을 내리기 위한 정보를 제공하는 것은 아니에요. 귓불 모양이나 붉은 머리 색깔, 식단 선호도, 행동, 체격이나 운동능력, 기타 질병과 관련이 없는 신체 특성이나 혈통을 예측 또는 확인하는 검사항목 위주로 되어 있습니다. 그러나 DTC^{Direct-To-Consumer} 유전자 검사에는 점차 건강과 관련된 다양한 특성과 일부 질병이 포함되고 있습니다.

우리나라에서도 2016년부터 DTC 유전자 검사 서비스가 시작되었어요. 최근 보건복지부는 자격을 갖춘 유전자검사기관에 한해 보건복지부 장관이 허용한 항목에 대한 DTC 유전자 검사를 시행할 수 있도록 인증제 시범사업을 진행하고 있습니다. 주로 통계적인 연구결과에 근거해 개인의 유전형과 신체적 특성 간의 관계를 알려주는 검사로 영양, 생활습관, 신체 특징에 대한 유전적 형질을 알아보거나 조상 찾기 등 혈통을 알아보는 검사를 포함하고 있습니다. 2021년부터는 업체가 신청한 검사항목을 인증하는 방식으로 바꾸고 검사항목도 확대했으며 일부 질병에 대한 실증특례연구를 실시하고 있습니다.

온라인으로 검사를 주문하면 회사는 DNA 수집 키트를 소비자에게 직접 우편으로 발송합니다. 기술이 발전하여 검사하는 데 더 이상 혈액 샘플도 필요하지 않아요. 볼 안쪽에서 긁어 낸 세포 샘플이나 의료진의 도움 없이도 소비자가 쉽게 채취할 수 있는 소량의 타액에서도 충분한 DNA를 얻을 수 있죠. 그런 다음 소비자는 분석을 위해 DNA 샘플을 실험실로 보냅니다. 실험실 보고서는 소비자에게 직접 전송되며, 일반적으로 검사를 주문할 때 생성한 온라인 계정을 통해 확인할 수 있습니다. 이 보고서를 일반 의료 제공자와 공유할지 여부는 소비자의 선택에 달렸고요.

기대와 우려

DTC 유전자 검사 시장은 많은 기대와 우려를 불러일으켰습니다. DTC 유전자 검사만큼 쉽게 이용할 수 있는 유전자 검사는 없습니다. 건강 관련 데이터와 관련해 긍정적 측면은 불안이나 스트레스를 유발하거나 부정적 결과를 초래할 수 있는 행동을 바꾸도록 소비자를 유도할 수 있다는 것이죠. 반면에 부정적 측면은 상당한 위험이 없는데도 불구하고 긴급하게 진료를 받거나 추가 검사를 받기 위해 시간과 의료 비용 및 자원을 낭비할 수 있다는 것입니다. 소비자가 검사 결과를 바탕으로 특정 질병에 걸릴 위험이 없다고 생각한 나머지 건강에 해로운 습관을 지속하거나 권장되는 예방 건강 검진을 무시하는 경우도 해로운 점이라고 할 수 있고요.

두 번째 우려는 유전학 및 게놈 과학의 복잡성을 고려할 때 소비자가 자신이 구매하는 제품을 정말로 이해했는지 여부입니다. 검사의 장점과 한계를 설명해 줄 사람이 없는 상황에서 소비자는 검사를 구매하기 전에 회사가 제공하는 정보를 검토하고 검사를 받는 데 동의해야 합니다. 하지만 이러한 정보를 소비자가 실제로 얼마나 이해하고 있을까요? 임상 환경에서 유전자 검사를 고려하는 환자의 경우, 의사나 유전자 상담사와 함께 검사에 대한 정보와 검사가 자신의 건강에 미칠 수 있는 영향을 검토하는 경우가 많습니다. 이 과정은 완료하는 데 30분 또는 45분 이상 소요되고요.

하지만 DTC 유전자 검사는 대중에게 이전에는 불가능했던 방식으로 자신에 대해 배울 기회를 제공합니다. 환자와 소비자 모두 가족의 뿌리와 관련된 유전적 구성, 자신에 대한 재미있는 정보(이를테면 매운 음식을 좋아하지 않는 이유에 대한 유전적 설명), 건강 관련 정보 등을 자유롭게 얻을 수 있죠. 정부 기관, 의료 서비스 제공자, 윤리학자 들의 우려에도 불구하고 현재까지 실질적 피해는 보고되지 않았습니다. 아마도 소비자들은 우려만큼 검사 결과를 심각하게 받아들이지 않고, 질병 위험과 예방에 대해서는 의료진과 상담해야 한다는 점을 이해하고 있는 것 같습니다. 여전히 많은 사람이 부담스러워하는 가격이지만 더 저렴한 검사 기술이 개발됨에 따라 DTC 유전자 검사 비용은 점차 낮아져서 결국 많은 사람이 이용하게 되리라고 생각합니다.

실제로 설문조사를 해 보면 DNA 유전자 검사에 대해 호의적이라는 사실에 놀라게 됩니다. 주로 건강과 계보에 대해 재미 삼아 해 본다는 이유가 있는 것 같아요. 우리나라 정부는 검사기관의 난립과 무분별한 유전자 검사 정보의 해석을 막기 위해 검사 정확도, 검사결과 해석 정확도, 개인정보 보호 등을 평가해 유전자검사기관 인증제를 실시하고 있습니다.

+++

　유전학과 관련된 모든 도덕적 결정에서 '개입의 선'을 어디까지 그어야 하는가가 문제가 됩니다. 유전질환 검사는 유전질환을 가진 개인을 식별합니다. 이를 통해 유전적 결함을 가지고 태어날 위험이 높은 태아를 선택적으로 낙태할 수 있죠. 마찬가지로 가족력이 있는 경우 체외 수정 및 착상 전 진단을 통해 '건강한' 배아만 착상되도록 할 수 있습니다. 어떤 사람들은 종교적 또는 이념적 근거를 들어 모든 개입을 금지하지만 대부분의 사람은 아기가 심각한 장애를 가지고 태어나 며칠 또는 몇 달의 고통 끝에 사망할 것이 확실하다면 개입을 받아들일 것입니다.

　대부분의 논란은 아이가 몇 년 동안 정상적이거나 행복한 삶을 기대할 수 있는 조건에서 발생합니다. 예를 들어, 건강하게 태어날 수 있지만 성인이 될 가능성이 없거나(예: 테이삭스병) 신체적 또는 정신적 장애가 경미하거나(예: 다운증후군) 완전히 치료 가능한 질환(예: 페닐케톤뇨증)을 가진 아기의 출산을 막기 위해 개입해야 하는가 하는 문제죠.

　극단적 예로, 특정 성별, 눈 색깔 또는 특정 능력을 가진 아이를 선택하기 위해 착상 전 개입을 해야 할까요? 이런 행위는 아들을 선호하는 일부 사회에 이미 널리 퍼져 있습니다. 유전자 기술을 사용하지 않고도 한 세대당 수백만 명의 여자 아기가 낙태나 살해 또는 방치되어 죽어 가고 있습니다.

9장

사람의 DNA는
특별할까?

인간게놈프로젝트의 역사

특정한 생물체가 가지고 있는 전체 DNA를 게놈이라고 합니다. 우리말로는 유전체라고도 하죠. 인간게놈프로젝트가 워낙 흔히 알려졌기 때문에 우리는 게놈이라는 말을 많이 사용해요. 하지만 게놈에 대해 연구하는 학문은 유전체학이라는 말을 많이 씁니다. 실제로 게놈이라는 말과 유전체라는 말을 같이 쓰기 때문에 많은 혼동을 주죠. 인간게놈프로젝트라는 고유어는 이미 굳어진 말이니 그대로 사용하고 나머지 부분에서도 주로 게놈이라는 용어를 사용하겠습니다.

사람의 전체 게놈의 염기서열을 밝혀 보자는 계획은 이전에 사람을 달에 착륙시키겠다는 계획만큼이나 야심 찬 것이었어요. 당시에는 이 야심을 실현할 기술이 아직 완벽하게 갖추어지지 않은 상태였거든요.

1968년 로버트 윌리엄 홀리Robert William Holley가 최초의 핵산 서열을 결정한 연구팀을 이끈 공로로 노벨상을 받았습니다. 그의 팀은

80개 뉴클레오티드로 이루어진 서열을 알아내는 데 5년(1959-1964년)이 걸렸어요. 이 작업은 오늘날 기계를 사용해 1분이면 끝납니다.

1970년대에는 DNA에 저장된 유전정보를 판독하는 데 필수인 DNA 염기서열 분석 기술이 가장 먼저 개발되었습니다. 과학자들은 주어진 DNA 조각에 대해 A, T, G, C를 해독할 수 있었어요. 이 방법을 통해 DNA 분자의 염기서열을 결정할 수 있죠. 그리고 1977년 영국 케임브리지 대학의 생화학자 프레더릭 생어와 그 연구팀이 한 번에 800개의 염기쌍을 시퀀싱하는 최초의 실용적인 DNA 시퀀싱 방법을 개발했습니다. 1980년대에는 사람의 게놈 전체를 시퀀싱 또는 해독해 사람 세포의 전체 DNA 내용물 중 A, T, G, C의 순서를 밝히자는 아이디어가 도입되었고요.

우려하는 사람도 많았지만 인간게놈프로젝트는 우여곡절 끝에 시작되었습니다. 그러나 실현 가능성과 유용성은 여전히 불확실했죠. 많은 토론과 의회의 자금 확보 노력을 통해 1990년 인간게놈프로젝트는 사람 게놈을 시퀀싱하고 과학계를 위한 일종의 참고서를 만든다는 단일하지만 원대한 목표를 가지고 시작되었습니다. 국제 컨소시엄이 자금을 지원했고 전 세계 과학자들이 유례없이 협력했지요. 인간게놈프로젝트는 사람을 구성하고 유지하기 위한 유전적 지침의 완전한 집합인 사람의 전체 게놈의 염기서열을 결정하는 것을 목표로 한 국제적인 연구 프로그램입니다.

이 목표는 1986년 여름 미국 뉴욕주의 콜드스프링하버에서 열린 회의에서 구체화되었어요. 그리고 이후 1990년대의 기술 발전으로 사람 게놈의 전체 염기서열(총 30억 글자)을 결정하는 대규모 프로젝트의 전망이 밝아졌죠. 1990년 왓슨과 프랜시스 콜린스Francis Collins의 주도 아래 이 프로젝트에는 미국국립보건원 등 공공기관 외에도 크레이그 벤터Craig Venter의 회사인 셀레라제노믹스가 참여했습니다. 또 전 세계 수백 명의 과학자가 참여해 사람 게놈을 해독하기 위해 함께 노력했죠. 2000년 6월 26일, 콜린스와 벤터는 빌 클린턴Bill Clinton 대통령과 나란히 서서 사람 게놈의 '첫 번째 조사'가 완료되었다고 발표했습니다. 실제로는 유전자가 풍부한 DNA의 약 90%만 염기서열을 분석했는데, 이는 약속된 작업 초안에는 크게 미치지 못하는 것이었어요.

이 프로젝트는 2003년까지 사람 DNA의 유전자가 풍부한 영역의 99%가 시퀀싱되면서 완료되었습니다. 그 결과 알려진 유전자의 위치를 포함해 염색체 하나하나에 특정 좌표(고유한 위치에 해당하는 경도 및 위도와 유사함)를 가진 게놈의 서열이 완성되었습니다. 이로써 사람 게놈의 완전한 염기서열은 DNA의 구조가 밝혀진 지 50년 만인 2003년에 완성되었습니다. 사람 DNA에 있는 30억 개가 넘는 염기의 염기서열을 알아내는 데 13년이 걸린 것이죠. 인간게놈프로젝트의 일환으로 최초로 시퀀싱된 사람의 게놈은 한 사람의 게놈이 아니라 여러 사람의 DNA가 혼합된 게놈입니다. 이 게놈은 남성 다섯 명과 여성 한 명을 포함한 다양한 익명의 지원자로부터 얻은 DNA 샘플을 사용해 작성되었죠. 최종 복합 게놈은 2003년 4월에 공개되었고 인간종의 기준 게놈으로 간주되었습니다. 일부 생명공학 회사가 의학과 관련된 유전자 정보를 사용해 사업화하리라는 기대와 달리 유전자 자체의 염기서열에는 특허가 부여되지 않았습니다. 무료로 사용할 수 있도록 인터넷에 공개되었습니다.

인간게놈프로젝트 이후 게놈 시퀀싱에 사용되는 기술은 최근 몇 년 동안 급속도로 발전하여 완전한 게놈을 더 빠르고 저렴하게 시퀀싱할 수 있게 되었습니다. 2003년에 완료된 인간게놈프로젝트는 최초의 완전한 사람 게놈을 시퀀싱하는 데 10년이 넘게 걸렸고 수십억 달러의 비용이 들었습니다. 하지만 오늘날에는 기술의 발전으로 훨씬 저렴한 비용으로 단 몇 시간 또는 며칠 만에 사람 게놈을 시퀀싱할 수 있게 되었죠. 이는 주로 차세대 시퀀싱과 같은 새로운 기술의 개발로 과학자들이 많은 DNA 단편을 동시에 시퀀싱할 수 있게 되어 처리 속도가 크게 빨라졌기 때문입니다. 최근에는 고속처리 시퀀싱 기법이 도입되어 한 사람의 DNA 전체 염기서열을 시퀀싱하는 비용이 600달러 정도로 떨어졌습니다.

이러한 기술 발전의 결과로 게놈 시퀀싱은 연구와 의학 및 기타 분야에서 훨씬 더 일상적이고 널리 사용되는 도구가 되었습니다. 과학자들은 이제 다양한 종의 게놈을 시퀀싱할 수 있게 되었으며, 이를 통해 진화생물학, 유전학, 개인 맞춤 의학 등의 분야에서 새로운 발견을 이끌어냈습니다.

인간게놈프로젝트를 통해 밝혀진 것

전체 DNA 중 유전자의 비율이 낮다

전체 DNA 중 단백질을 암호화하는 유전자의 비율은 2%로 아주 낮습니다. 한동안 나머지 98%의 DNA는 아무 기능이 없는 것으로 여겨졌기 때문에 비암호화 DNA 또는 정크(쓰레기) DNA라고도 불렸어요. 하지만 최근 연구에서 비암호화 DNA가 실제로 유전자 발현을 조절하고 다양한 세포 과정을 제어하는 데 중요한 역할을 할 수 있다는 사실이 밝혀졌죠. 예를 들어, 비암호화 DNA는 유전자를 켜거나 끄는 조절 요소를 포함하거나 유전자를 침묵시키거나 활성화하는 데 도움이 되는 작은 RNA 분자를 생성할 수 있습니다.

게놈의 85%에는 약 5만 5천 개의 서로 다른 RNA 분자를 만드는 유전자가 있는 것으로 밝혀졌습니다. 이는 우리가 만드는 단백질의 거의 세 배에 달하는 양이에요. 이러한 독립형 RNA를 암호화하는 유전자를 비단백질 암호화 유전자라고 합니다.

이 모든 RNA 분자가 만들어진 후 실제로 무엇을 하는지는 과학계에서 여전히 열띤 논쟁 중입니다. 어떤 것은 완전히 쓸모없을 수도 있습니다. DNA의 일부분에서 만들어졌다가 바로 파괴될 수도 있고요. 그러나 다른 것들은 나머지 게놈을 조절하는 데 매우 중요해요. 따라서 우리가 쓸모없다고 생각했던 이 DNA가 어떻게 보면 게놈에서 가장 중요할 수 있는 부분입니다. 특정 단백질을 암호화하는 실제 유전자 자체도 물론 중요하지만 그 유전자를 발현하고 적시에 적재적소에 단백질을 만들어야 세포가 원활하게 작동하기 때문이죠.

비암호화 DNA의 기능에 대해서는 밝혀져야 할 것이 많습니다. 연구자들은 게놈의 이 신비한 부분을 더 잘 이해하기 위해 열심히 연구하고 있어요.

사람의 유전자는 생각보다 적다

인간게놈프로젝트를 시작할 때만 해도 사람이 얼마나 많은 유전자를 가지고 있는지 불확실했어요. 사람들은 인간이 10만 개 이상의 유전자를 가졌을 것이라고 확신했습니다. 우리는 놀라운 두뇌와 경이로운 능력을 가지고 있기 때문에 지구상에서 가장 많은 유전자를 가지고 있어야 당연한 것 같습니다. 그러나 놀랍게도 염기서열을 예비적으로 분석한 결과 사람의 게놈에는 3-4만 개의 유전자만 포함된 것으로 추정되었죠. 하지만 나중에는 그것마저 사실이 아닌 것으로 드러났습니다. 사람의 유전자는 예상했던 것보다 훨씬 적었습니다. 몇 년 후 거의 완성된 사람 게놈의 염기서열을 분석한 결과 유전자 수는 이보다 훨씬 적은 20,500-21,500개 사이로 밝혀졌습니다. 어떤 식물은 사람보다 더 많은 유전자를 가지고 있습니다.

사람의 유전자 개수는 적다고 하더라도 어떤 생물체보다 많은 단백질을 가지고 있지 않을까요? 그것도 아닙니다. 우리의 게놈과 단백질체(우리가 만들 수 있는 단백질의 전체 목록)를 다른 생물체와 비교했을 때에도 큰 차이가 없습니다.

심지어 사람의 단백질 암호화 유전자(약 21,000개)는 사람의 단백질 종류(25만-100만 개)보다 훨씬 더 적습니다. 자르고 이어붙이기를 통해 하나의 유전자가 상황에 따라 하나 이상의 단백질을 암호화할 수 있다는 사실을 생물학자들은 뒤늦게 알게 되었습니다.

사람 이외의 여러 생물에서도 게놈의 염기서열이 밝혀졌습니다. 1995년 최초로 게놈의 염기서열이 밝혀진 것은 뇌수막염을 일으키는 박테리아, 즉 헤모필루스 인플루엔자로 1,830,137개의 염기쌍과 1743개의 유전자를 가졌습니다. 원핵생물 중 최소 유전체를 갖는 마이코플라스마 제니탈리움*Mycoplasma genitalium*은 58만 개의 염기쌍과 482개의 유전자만을 가지고 있고요. 실험에 가장 많이 사용되는 대장균은 460만 개의 염기쌍과 4,288개의 유전자를 가지고 있습니다.

일반적으로 원핵생물은 100만-600만 개의 염기쌍을 갖는 데 비해 진핵생물의 게놈은 대체로 그보다 많은 염기쌍을 갖는 경향이 있습니다. 단세포로 가장 작은 게놈을 갖는 효모도 1200만 개의 염기쌍과 6,275개의 유전자를 가지고 있습니다. 예쁜꼬마선충은 9,700만 개의 염기쌍과 20,470개의 유전자를 가졌고요. 초파리는 1억 4천만 개의 염기쌍과 13,918개의 유전자를 가지고 있습니다. 사람은 31억 개의 염기쌍과 20,687개의 유전자를 가지고 있습니다. 벼는 4억 3천만 개의 염기쌍과 40,838개의 유전자를 가지고 있습니다. 모델생물로 자주 사용되는 애기장대는 1억 2500만 개의 염기쌍과 27,426개의 유전자를 가지고 있습니다.

박테리아와 비교했을 때 진핵생물의 게놈은 500-3,000배 정도 큽니다. 유전자 수에 있어서도 원핵생물과 진핵생물 간의 차이가 존재하고요. 원핵생물은 1,500-7,500개 정도의 유전자를 가지며 진핵생물은 5,000-40,000개에 이르는 유전자를 가집니다.

진핵생물 내에서도 종종 유전체 크기를 볼 때 유전자 수가 예상보다 훨씬 적은 경우가 있습니다. 초파리는 예쁜꼬마선충에 비해 게놈 대비 유전자의 수가 적습니다.

사람은 유전적으로 서로 유사하다

인간게놈프로젝트의 두 번째 주요한 발견은 우리 모두가 유전적으로 얼마나 유사한지 밝혀 낸 것입니다. 신체적·개인적 차이가 분명함에도 불구하고 두 사람의 DNA 염기서열은 0.1%밖에 차이가 나지 않아요. 유전적으로 99.9%가 비슷합니다. 즉 겉모습이 다르고 성격과 경험이 달라도 유전적 수준에서는 다른 점보다 닮은 점이 더 많다는 뜻이죠.

근본적인 생명활동을 유지하게 하는 단백질을 암호화하는 유전자 서열에서 변이가 나타날 가능성은 적습니다. 사람 사이에 존재하는 0.1%라는 유전적 변이는 눈 색깔, 머리 색깔, 키 등 각 사람을 독특하게 만드는 신체적 특성과 질병에 대한 감수성 및 기타 특성에서 보이는 일부 차이를 설명하는 데 도움이 되죠. 이런 차이는 DNA를 구성하는 뉴클레오티드의 특정 염기서열에 차이가 있기 때문이에요. 이러한 유전적 변이는 유전자를 구성하는 특정 DNA 염기서열의 차이와 개인 간 유전자 수 또는 배열의 변화로 인해 발생합니다.

사람 사이에 존재하는 소량의 유전적 변이는 우리를 개인으로서 독특하게 만들고 전체 집단을 건강하게 유지하는 데 중요합니다. 0.1%의 차이에 총 DNA 단위 수(30억 개)를 곱하면 게놈 전체에서 서로 다른 부분이 300만 개에 달하며, 이는 인구 다양성을 설명합니다. 즉 DNA의 작은 차이로도 형질에 상당한 차이가 생길 수 있고, 유전자가 서로 그리고 환경과 복잡한 방식으로 상호작용하기 때문입니다. 또 양육 환경과 삶의 경험 등 유전 외적인 요인도 개인이 누구인지에 영향을 미칩니다. 즉 사람마다 고유한 게놈 또는 유전적 지문이 존재하죠.

개인 게놈의 DNA 서열은 동일한 DNA를 공유하는 일란성 쌍둥이를 제외하고는 그 사람만이 가지는 고유한 것입니다. 일란성 쌍둥이를 제외하고 정확히 동일한 DNA 서열을 가진 두 사람을 찾을 가능성은 극히 낮습니다. 일란성 쌍둥이가 아닌 두 사람이 동일한 DNA 서열을 가질 확률은 동전을 던져 앞면이 600만 번 연속으로 나올 확률(70조 분의 1)로, 이는 매우 낮은 확률이죠. 즉 살아 있는 사람 중에서 동일한 DNA 서열을 가진 사람이 나타날 확률은 없다고 보면 됩니다.

이러한 수준의 유전적 다양성 덕분에 각 사람 사이에 광범위한 신체적·행동적 차이가 존재합니다. 또한 각 사람을 고유하고 가치 있는 존재로 만드는 원동력이기도 하죠. 사람의 다양성을 포용하고 축하하는 것은 차이에 관계 없이 모든 개인을 소중히 여기는, 보다 공평하고 정의로운 사회를 만드는 데 중요합니다.

별난 것 없는 사람의 DNA

사람의 DNA는 특별할까요? 사실 그런 점은 없습니다. 사람의 DNA는 다른 종의 DNA와 비교했을 때 '특별'하지 않습니다. 그런데도 우리는 사람의 DNA가 '우리'만의 것이며, 다른 종의 DNA와는 근본적으로 다르며, 솔직히 말해서 우월하다고 생각하는 경향이 있죠. 하지만 이는 잘못된 생각이에요. 몇몇 종에서만 발견되는 비교적 소수의 고유한 유전자를 제외하면 대부분의 유전자는 공통적이며 다양한 생물체에서 발견됩니다. DNA는 모든 생물체에서 물리적·화학적·생물학적으로 동일한 구조와 기능을 가지고 있어요. 사람은 다른 영장류와 상당한 DNA 염기서열을 공유하며, 다양한 연구에 따르면 거의 모든 다른 동물과도 상당한 DNA 상동성을 공유하고 있습니다. 심지어 식물도 마찬가지입니다.

또 사람은 우리가 가지고 있는 DNA의 양이나 염색체의 개수에 따라 어느 정도의 우월성을 주장할 수도 없습니다. 우리가 다른 생물체보다 유전적으로 우월하다고 자만하기 전에 사람보다 많은 18억 쌍의 염기서열을 가지고 있고, 107,891개의 유전자로 구성된 밀을 생각해 보세요.

결국 오늘날 살아 있는 모든 종은 수많은 '열등한' 종을 멸종시킨 진화적 선택의 압력에서 살아남았기 때문에 모두 똑같이 성공적인 것으로 간주할 수 있습니다.

고인류의 행로를 통해
인류의 조상을 추적한다

인간게놈프로젝트의 연구 결과는 다양한 학문 분야에 적용될 수 있습니다. 인간 게놈 자료는 고고학적 자료와 화석에만 의존하던 고인류사를 혁명적으로 바꿀 수 있어요. 예를 들면 고인류가 지구 위에서 어떻게 이동했는지 알 수 있습니다. 시간을 더 거슬러 올라가 모든 생물이 어디서 유래했고 어떻게 분화되었는지도 알 수 있죠.

고인류의 이동 패턴은 어머니에게서만 유전되는 미토콘드리아 DNA와 아버지에게서만 유전되는 Y염색체의 DNA, 또는 짧은 반복염기서열을 비교해서 연구할 수 있습니다. 두 인간 집단에서 이러한 염기서열의 차이가 클수록 더 오래전에 별도의 집단으로 나뉜 것이죠.

과학자들은 인류의 조상이 지난 수백만 년 동안 아프리카에서 여러 차례 이주했다고 믿습니다. 한 조상인 호모 에렉투스는 약 200만 년 전에 아프리카에서 이주해 유럽과 아시아 전역에 정착

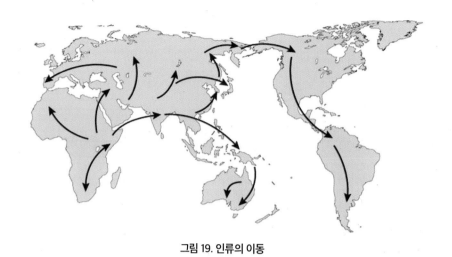

그림 19. 인류의 이동

한 것으로 보입니다. 호모 에렉투스는 상대적으로 뇌 크기가 작으며 네안데르탈인의 조상으로 생각됩니다. (돌연변이가 일정한 속도로 발생한다는 가정 아래 DNA의 염기서열 차이로 연대를 측정하는) DNA 연대 측정에 따르면, 현생인류는 모두 71,000-142,000년 전 아프리카에 존재한 집단에서 유래했으며, 약 63,000여 년 전에 유라시아, 오세아니아, 동아시아, 아메리카로 이주한 것으로 알려져 있습니다(그림 20). 이 집단은 결국 전 세계로 퍼져나가 네안데르탈인과 데니소바인과 같은 다른 고인류를 대체한 것으로 나타났습니다.

최근 연구에 따르면 사하라사막 이남의 아프리카인을 제외한 대부분의 현생인류는 게놈에 약 1-4%의 네안데르탈인 DNA를 가지고 있는 것으로 나타났습니다. 네안데르탈인 DNA의 이 작은 비율은 별것 아닌 것처럼 보일 수도 있지만, 현생인류에게는 흥미로운 영향을 미칩니다. 예를 들어, 일부 연구에 따르면 네안데르탈인의 DNA는 피부와 머리카락 색깔, 면역 기능, 특정 질병에 대한 감수성과 같은 특정한 형질과 관련이 있을 수 있다고 해요. 최근에는 오뚝한 콧날이 네안데르탈인의 형질에서 유래했다는 결과도 발표되었죠.

데니소바인은 수만 년 전에 살았던 고인류 그룹으로, 시베리아 데니소바 동굴에서 발견된 손가락뼈의 고대 DNA 분석을 통해 알려졌습니다. 특히 아시아와 오세아니아에 거주하는 현대인의 게놈에는 1-6%의 데니소바인 DNA가 존재합니다. 이 형질들은 피부와 머리카락 색깔, 면역 기능에 영향을 미치며, 특히 고산 지역에 잘 적응할 수 있게 해 줍니다.

최초의 원시세포까지 거슬러 올라가기

같은 종에서는 DNA 염기서열이 거의 같은 데 비해 종들 사이에는 DNA 염기서열의 차이가 존재합니다. 이와 같은 DNA의 차이는 시간이 지남에 따라 축적되는 돌연변이 때문이에요. 흔히 인용되는 사람, 침팬지, 보노보의 유사성 정도와 같이 DNA에는 진화의 과거에 대한 정보가 포함되어 있으며, 두 생물체의 DNA가 유사할수록 진화적으로 더 관련이 있다는 것은 놀라운 일이 아닙니다.

유인원은 우리와 DNA의 약 98%를 공유합니다. 나머지 2%는 우리 사람이 갖는 큰 두뇌와 언어능력 같은 특성을 부여하는 유전자를 암호화하는 것이고요. 침팬지, 보노보, 고릴라, 오랑우탄과 같은 유인원의 가까운 사촌뿐만 아니라 동물, 식물, 곰팡이, 원생동물, 박테리아, 고세균을 포함한 전체 가계도에서도 우리는 모두 서로 연결되어 있습니다. 전반적으로 돌연변이가 무작위적이며 일정한 속도로 발생한다고 가정하면 우리는 현재의 게놈 서열의 차이로부터 특정한 두 종이 언제 다른 가지로 갈라졌는지를 추정할 수 있어요. 그리고 38억 년 전에 생겨난 최초의 작은 원시세포에 도달할 때까지 거슬러 올라갈 수 있을 것입니다. 다윈은 생물의 형태를 살펴봄으로써 모든 생물이 어떤 친척 관계에 있는지를 나타내는 '생명의 나무'를 그릴 수 있었지만(그림 20), 이제 과학자들은 DNA 데이터를 사용해 생명의 나무를 그립니다(그림 21).

사람과 가장 가까운 유인원인 침팬지와 사람의 유전자 염기서열은 98%가 유사합니다. 사람과 침팬지는 겨우 600만 년 전에 공통조상에서 갈라졌죠. 고양이와 사람의 유전자 염기서열은 90%가 유사합니다. 고양이는 세포당 19쌍의 염색체를 가졌지만 사람과 많은 유전자가 공통됩니다. 생쥐와 사람의 유전자 염기서열은 80%

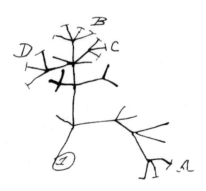

그림 20. 다윈이 최초로 그린 생명의 나무.

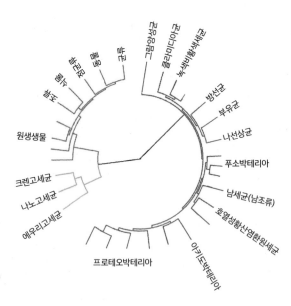

그림 21. DNA 데이터를 사용해 그린 생명의 나무.

가 동일하고요. 유인원은 설치류와 털을 공통 형질로 가지며 비교적 가까운 친척이라고 할 수 있습니다. 공통조상으로부터 8000만 년 전에 갈라져 나왔어요. 소와 사람의 유전자 염기서열은 80%가 동일합니다.

새로운 DNA 기술은 이전에 형태에 의존해 만들었던 생명의 나무의 가지를 뒤흔들고 있습니다. 일례로 사람이 속한 영장류는 골격과 뇌의 유사성으로 인해 이전에는 박쥐와 가까운 친척으로 분류되었습니다. 그러나 DNA 데이터를 살펴보니 우리는 쥐나 생쥐가 속한 설치류에 가깝고 박쥐는 소, 말, 심지어 코뿔소와 더 가까운 관계로 나타났습니다.

종종 바나나의 유전자도 사람의 유전자와 50%가 동일하다고 합니다. 좀 더 자세히 이야기하면 바나나의 단백질을 암호화하는 유전자의 염기서열이 사람의 단백질을 암호화하는 유전자의 염기서열과 50%가 동일하다는 것이죠. 이것은 바나나든 사람이든 물체가 살아가는 데 필요한 과정은 동일하며, 이 과정에 필요한 유전자 역시 매우 유사함을 알려줍니다. 어떤 유전자들은 다른 종 사이에서도 아주 유사해서 과학자들이 이를 교환해도 여전히 작동합니다. 사람의 유전자는 균류인 효모에서도 작동할 수 있지요.

또 사람은 소화, 호흡, 생식 등 기본적인 생물학적 과정과 기능을 다른 동물과 많이 공유합니다. 사람은 독특한 특징과 능력을 진화시켰을지 모르지만, 여전히 다른 모든 생물과 같은 생물계의 일부예요.

믿기 어렵겠지만 이런 증거들은 바나나와 사람, 더 나아가 지구상의 모든 생명체가 38억 년 전에 생겨난 최초의 작은 원시세포에서 비롯되었다는 강력한 증거입니다.

(이 책의 교정본을 검토하는 동안 전 세계 20여 개국 100여 명의 과학자가 참여해 영장류 16개 과, 69개 속, 233개 종, 800여 개체의 게놈을 분석한 최대 규모의 영장류 게놈 프로젝트 논문이 〈사이언스〉에 발표되었습니다.)

생명의 기원을 이해하기 위한 개념, RNA 세계

DNA는 상당히 큰 분자이기 때문에 최초의 원시세포는 더 단순한 분자를 원시유전물질로 가지고 있었을 것입니다. 1980년에 유전정보를 저장하고 단백질 효소처럼 생물학적 촉매 작용을 하는 것으로 알려진 촉매성 RNA인 리보자임이 발견되었습니다.

오늘날 RNA 분자는 유전정보를 저장하고 단백질 효소처럼 생물학적 촉매 작용을 하는 것으로 알려진 유일한 분자입니다. 따라서 RNA는 세포 이전의 생명을 지탱하고 세포로 진화하게 한 주요 단계였을 수 있습니다. "RNA 세계"라고 하는 이 가설은 촉매성 생체 고분자가 리보자임으로만 구성된 생명체의 단계를 가정합니다. 이 가설은 원시적인 형태의 리보솜의 출현과 함께 RNA 서열이 단백질 서열로 번역되기 시작했다고 가정합니다. 이로 인해 리보자임이 효소에 의해 단계적으로 대체되는 "RNA-단백질 세계"가 생겨났죠. 훨씬 후 복제 정보 분자인 RNA는 화학적으로 더 안정적인 이중가닥 DNA로 대체되었습니다.

여전히 추측에 불과하고 여러 과학자의 비판을 받고 있지만, RNA 세계 가설은 생명의 기원을 이해하는 데 도움이 되는 가장 유망한 개념으로 간주됩니다.

+++

　과학 연구는 여러 면에서 자본주의적 관행에 기반을 두고 있습니다. 연구자들은 연구비를 받기 위해 경쟁하고, 가장 먼저 결과를 발표하기 위해 경쟁하며, 다른 모든 면에서 최고가 되기 위해 노력합니다. 새로운 것을 발견하면 특허를 출원합니다. 대부분의 경우 과학자들은 자신이 수행한 연구를 통해 금전적 이익을 얻고 싶어 하죠. 물론 그것이 잘못된 것은 아닙니다. 우리 경제 전체가 그렇게 구성되어 있기 때문입니다. 하지만 새로운 종류의 장치에 대한 특허를 얻는 것과 유전자 연구와 DNA의 특정 부분에 대한 특허를 얻는 것은 완전히 다른 차원의 문제입니다.

　인간게놈프로젝트가 진행될 무렵 크레이그 벤터가 이끄는 셀레라 지노믹스는 메릴랜드에 있는 대규모 시설에 300대의 시퀀싱 기계를 설치하는 데 필요한 막대한 자금을 확보했습니다. 투자자들은 주로 상업화가 가능한 질병 관련 유전자의 서열을 분석한 특허를 통해 수익을 얻을 수 있겠다고 기대했기 때문에 미국국립보건원이 주도하는 공공 프로젝트 팀과 마찰을 빚었죠.

　이외에도 많은 과학자가 염기서열을 발견하면 특허를 출원하려 했고, 수백만 개의 DNA 특허가 출원되었어요. 하버드 대학의 윌리엄 하셀타인이 설립한 휴먼게놈사이언스라는 회사는 수십만 개의 유전자 절편에 대한 특허를 신청했습니다. 이에 대해 자연계에 존재하지 않는 형태로 분리 및 변형된 완전한 유전자만 특허를 받을 수 있다고 주장하는 많은 과학자가 분노했고요. 하셀타인의 회사는 이런 비판에 굴하지 않고 유전자 특허를 통해 상당한 수익을 올렸습니다.

전에는 연구자들이 자신이 발견하거나 변형한 유전자에 대해 특허를 받을 수 있었습니다. 이는 라운드업 레디 옥수수와 같은 유전자 변형 작물과 같은 분야에서 활용되었죠. 몬산토는 연구자들이 옥수수 식물의 유전자를 변경했기 때문에 해당 종의 유전자에 대한 특허를 소유하며, 따라서 해당 유전자가 어디에 있든 모든 유전자에 대한 권리를 주장할 수 있습니다. 그러니 비용을 지불하지 않고 라운드업 레디 옥수수를 자신의 소유지에 심는다면 매우 심각한 범죄인 거죠. 하지만 인근 농장의 씨앗이 자신의 땅에 떨어졌다면 농부에게 잘못을 물을 수 있을까요? 이 문제는 논란의 여지가 많으며 아직 완전히 해결되지 못했습니다.

우리 사회와 정부는 연구자들이 새로운 유전자와 변형된 생물체가 아종을 만들 수 있는 이 비교적 새로운 분야에서 당연히 그들의 연구와 투자를 보호해 주고 싶어 합니다. 그러나 "생명은 가두어 둘 수 없다"는 영화 〈쥬라기 공원〉의 대사처럼 우리는 또한 이것들이 살아 있는 생물체라는 사실을 기억해야 합니다.

의료 부분에서 유전자의 특허로 유전자 검사의 이용가능성에 비상이 걸렸습니다. 소비자들은 다양한 질병의 위험성을 검사하기 위해 자신의 DNA 시료를 연구소에 보낼 수 있습니다. 일부 연구소는 검사 대상 유전자에 대한 특허를 획득하여 막대한 수익을 올렸고요. 예를 들어 미리어드제네틱스는 유방암과 관련된 BRCA1 유전자의 존재 여부를 검사하는 데 너무 많은 비용을 청구해 검사가 필요한 여성들이 검사를 받지 못하는 상황에 이르기도 했죠.

2013년 6월, 미국 대법원은 이 문제를 다루면서 자연 발생하는 유전자에는 특허를 부여할 수 없다고 판결을 내렸습니다. 유방암 유전자에 특허를 가질 수 없는 것과 마찬가지로 아무도 DNA의 특정 부분에 대한 권리를 주장할 수 없게 된 것입니다. 가상의 가족성 질환을 유발하는 어떤 유전자가 연구 과학자들에 의해 발견되면 저널에 게재되고, 전 세계의 모든 의사가 해당 유전자를 검사하는 방법을 알게 됩니다. 유전자 선별 검사는 오픈소스로(소스 프로그램이 공개되어 자유롭게 수정하고 재배포할 수 있는 프로그램) 제공될 것이며, 이 검사는 소액의 본인 부담금으로 보험에서 충분히 보장될 만큼 저렴해질 것입니다. 이 계획이 더 바람직한 것 같습니다.

+++

인종을 결정하는 데 주로 사용되는 피부색이라는 형질은 불과 몇 종류의 유전자에 의해 결정되고, 환경에 의해 변화할 수 있습니다. 300만 개의 염기서열이 사람마다 고유하다는 점을 감안할 때 불과 몇 종류의 유전자로 인종을 구분하는 현재의 관행은 합리적인 것일까요?

+++

개인의 유전자형에 대한 정보의 이용가능성이 증가함에 따라 개인정보보호(누가 그 지식을 알아야 하는지)와 누가 그 지식을 통해 이익을 얻을 수 있는지에 관한 질문이 제기되고 있습니다. 보험회사는 고객의 유전적 위험에 대한 정보를 알 권리가 있을까요? 자신이 사망이나 질병에 걸릴 위험이 높다는 것을 아는 사람은 보험료를 더 내고 더 큰 보장 보험에 가입할 수 있습니다. 위험이 낮은 사람은 낮은 보험료를 낼 테죠. 보험회사는 보험료와 위험의 균형을 맞추고자 하지만 고위험군은 보험에 전혀 가입하지 않을 수도 있습니다. 고용주는 유전적 '약점'이 있는 사람을 고용하지 않을 수 있고, 사회에서 유전적으로 열등한 사람으로 낙인찍힐 수 있습니다. 제약회사가 개인이나 가족 또는 부족의 DNA 염기서열 데이터를 활용해 신약을 개발하여 큰 수익을 올릴 수 있다면, 염기서열 제공자에게도 이익을 배당해야 할까요?

국가가 유죄판결을 받은 범죄자 또는 전체 인구의 유전자 프로필을 보관하여 새로운 범죄의 가해자를 식별하거나 실종자 또는 익명의 유해를 식별하거나 분실이나 위조가 불가능한 영구적인 신분증으로 사용한다면 어떤 문제가 발생할까요?

10장

모든 것은 DNA에서 시작된다

마이클 크라이튼_{Michael Crichton}의 동명 소설을 바탕으로 만든 영화 〈쥬라기 공원〉에서는 공룡의 피를 빤 모기에서 공룡 DNA가 추출되었습니다. 공룡의 피를 빨아먹은 모기는 나무 수지에 갇혔습니다. 소설에서 과학자들은 호박에 갇힌 모기에서 추출한 잘 보존된 공룡 DNA를 사용해 공룡 게놈을 재구성하고, 궁극적으로 공룡을 재현했죠. 공룡 게놈의 손상된 부분의 빈자리는 가까운 친척으로 추정되는 양서류의 DNA로 대체되었어요. 하지만 공룡이 인간의 통제를 벗어난 야생으로 돌아다니면서 쥬라기 공원은 실패로 끝납니다.

　이 영화는 부분적으로 사실에 바탕을 두고 있지만 공룡이 실제로 복원된 적은 없습니다. 최근까지만 해도 전체 생물체를 처음부터 다시 만들거나 합성하려는 아이디어는 공상과학 소설가들의 상상 속에서나 가능한 일이라 여겨졌죠. 하지만 이제 DNA를 처음부터 다시 만들거나 새롭게 합성하는 것이 가능해지면서 공상과학 소설은 현실이 되어 가고 있습니다.

생명을 (재)창조한다는 아이디어

'쥐라기 공원'이라는 아이디어가 믿기지 않을 수도 있지만, 영화의 전제는 생각만큼 터무니없는 것은 아닙니다. 1970년대에 과학자들은 재조합 DNA를 만드는 방법을 알아냈습니다. 그 이후 유전자, 대사경로, 또는 전체 게놈의 합성 또는 구성에 중점을 두는 합성생물학이라는 새로운 분야가 탄생했죠. 그리고 이제 과학자들은 과거에 사용하던 재조합 DNA 기술 대신 유전자가위라는 보다 정밀한 도구로 유전자의 여러 부분을 수정하고, 다른 종에서 하나 이상의 유전자를 삽입하고, DNA 코드 또는 게놈에서 유전자를 제거할 수 있습니다.

오늘날에는 기존의 DNA 조각을 가져다가 조립하는 대신 뉴클레오티드를 사용해 처음부터 DNA 염기서열을 만들 수 있습니다. 그런데 단백질을 암호화하는 실제 유전자 이외에 이러한 유전자를 조절하는 서열에 대해서는 잘 알지 못하는 부분도 있습니다. 그래서 과학자들이 선택한 부분의 조합에 따라 유전자가 완벽한 기능을 하지 못할 수도 있습니다.

합성생물학의 가능성과 위험성

과학자들은 실험실에서 모든 종에 존재하는 기존 유전자의 정확한 사본을 다시 만들 수 있습니다. 그러나 기존 유전자를 변경하려면 새로운 '부분'을 합성한 다음 서로 연결해야 합니다. 이를 위해 과학자들은 특정 DNA 염기서열에 따라 정확한 순서로 A, T, G, C의 염기서열을 합성합니다. 또 변화가 크지 않은 경우 게놈 내에서 유전자 편집 기술을 사용해 이 작업을 수행할 수도 있어요.

지금은 박테리아와 바이러스 같은 작은 생물체의 게놈 전체를 합성하는 것이 가능해졌습니다. 과학자들은 50-100염기 길이의 작은 DNA 조각으로 시작하여 올바른 순서로 서로 연결해서 더 큰 조각을 만든 다음 이 큰 조각들을 연결해 더 큰 조각을 만듭니다. 결국 실험실에서 온전하고 완전한 게놈 전체를 구축할 수 있습니다. 합성생물학을 위한 이 기술은 재조합 DNA 기술에서 확장되었어요. 재조합 DNA 기술은 일반적으로 실험과정이 덜 복잡하지만 합성생물학은 유전자가위와 같은 더 정교한 도구를 활용할 수 있습니다.

이 시점에서 이 기술이 우리의 건강이나 환경을 개선하거나 기본적인 생물학적 과정을 이해하는 데 정확히 어떻게 사용될 수 있는지 궁금해지기 시작할 거예요. 또는 영화에 등장하는 미친 과학자가 상상 속에 존재하는 어떤 생물의 DNA를 만드는 것은 아닌가 하는 생각이 들 수도 있죠. 두려움이나 불안한 생각이 떠오른다면 여러분만 그런 것은 아닙니다. 이러한 기술이 오용될 가능성을 심각하게 우려해야 합니다. 치명적인 병원균을 만드는 것은 통제 불능의 티라노사우루스 렉스를 만드는 것보다 사회에 더 큰 문제를 일으킬 가능성이 높기 때문이에요.

재조합 사례

합성된 소아마비 바이러스는 실험실에서 배양한 생쥐를 감염시켜 실제로 병원성이 있다는 것이 입증되었습니다. 박테리아를 감염시키는 바이러스의 일종인 박테리오파지도 합성되었고요. 그러나 이 분야에서 가장 큰 우려를 불러일으켰던 것은 스페인독감 바이러스의 합성이었어요.

1980년대에 미군병리학연구소의 과학자들은 알래스카로 이동하여 스페인독감으로 사망한 것으로 추정되는 이누이트 여성의 폐 조직을 집단 매장지에서 얻었습니다. 그리고 그 조직에서 양성 반응을 나타내는 독감 바이러스를 추출해 1987년부터 2005년까지 바이러스 게놈을 세부적으로 분석해 바이러스의 여덟 개 유전자의 염기서열을 분석했습니다. 마침내 2005년 미국 질병통제예방센터, 마운트시나이 의과대학, 미국 농무부 과학자들로 구성된 연구팀은 스페인독감 바이러스를 합성했습니다. 쥐를 대상으로 한 감염 실험 결과 사람 피해자에게서 보고된 것과 유사한 심각한 폐렴 증상이 나타났고 3-5일 만에 폐사했습니다.

현재까지 가장 큰 게놈이 합성된 박테리아는 마이코플라스마 마이코이데스*Mycoplasma mycoides*인데, 이 박테리아는 사람에게는 해롭지 않지만 가축, 그중에서도 주로 소와 염소를 감염시킬 수 있습니다.

2021년 9월 현재까지 가장 큰 게놈이 합성된 진핵생물은 사카로마이세스 세레비지아이*Saccharomyces cerevisiae* 효모입니다. 현재 이 전체 게놈을 완전히 재설계하고 합성하여 새로운 합성 효모를 만드는 것을 목표로 하고 있죠. 합성효모게놈프로젝트는 효모 게놈의 DNA 서열을 재설계하고, 불필요한 영역을 제거하며, 연구 목적으로 특정 유전 요소를 추가하는 등 효모 게놈을 재설계하는 작업을 포함합니다. 이처럼 유용한 물질을 생산하는 것을 목표로 한 합성생물학 기술은 계속 발전하고 있습니다.

492개의 최소 게놈을 가진 합성생물의 탄생

박테리아나 바이러스와 달리 고등생물은 단백질을 암호화하지 않는 많은 DNA를 가지고 있고, 그 용도는 아직 정확하게 밝혀지지 않았습니다. 생물체가 가지고 있는 이런 긴 DNA는 전부 생존에 필요한 것일까요? 세포가 분열할 때마다 전체 게놈을 복제할 필요가 없다면 세포의 성장과 분열 과정이 얼마나 더 간소화되고 효율적일지 상상해 볼 수 있습니다. 과학자들은 생물체가 번식하고 기본 기능을 수행하는 데 필요한 최소 유전자의 수인 '최소 게놈'이 실제로 얼마인지 궁금해했습니다.

컴퓨터 모델링과 기본적인 생화학 경로에 대한 지식에 의존하여 최소 유전자 수를 추정할 수도 있지만 실험을 통해서만 이런 컴퓨터 모델이 정확한지 확인할 수 있죠. 첫 번째 접근 방식은 기존 생물체에서 시작하여 생존에 불필요하다고 판단되는 유전자를 실제로 제거(삭제)하는 하향식 접근 방식이에요. 불필요하다고 판단되는 유전자를 제거한 후 일련의 테스트를 수행해 세포가 정상으로 성장하고 작동하는지 확인할 수 있습니다.

현재 자연계에서 유전자 수가 520여 개로 가장 적은 박테리아는 마이코플라스마 제니탈리움입니다. 2021년, 901개의 유전자를 갖는 마이코플라스마 마이코이데스에서 492개의 최소 게놈을 갖는 합성생물이 만들어졌습니다.

이와는 대조적으로 생물체의 게놈은 생명에 필요하다고 가정된 유전자만으로 DNA 서열을 구축하는 상향식 접근 방식을 통해 처음부터 생성할 수 있습니다. 이런 유형의 실험은 가능하지만 아직까지 수행되지 않았고요.

군살을 제거한 인공생명체를 만들려는 이런 노력들은 지구에서 생명의 기원에 관한 많은 새로운 사실을 밝혀 줄 수 있을 뿐만 아니라 또 다른 형태의 생명을 탐구할 수 있게 할 것입니다. 또 식품을 가공하거나, 토양에서 화학 오염 물질을 제거하고, 의약품을 개발하는 등 다양한 산업적 용도로 사용될 수 있죠. 잠재적으로는 세포의 껍질을 만든 다음 원하는 용도를 달성하기 위해 특정 유전적 기능을 추가할 수도 있어요. 현재로서는 실현하기 어려운 아직 먼 미래의 시나리오지만 그 가능성을 고려하고 있습니다.

코끼리의 유전자를
매머드의 유전자로 바꾸면!

2012년에 불과 열한 살의 예브게니 살린더 Yevgeny Salinder 라는 어린이가 러시아의 북극권 예니세이만에서 중요한 매머드 표본을 발견했습니다. 이 암컷 매머드는 3만 9천 년 이상 얼음 속에 묻혀 있었지만 피부, 털, 내부 장기가 거의 손상되지 않은 채 잘 보존되어 있었어요. 과학자들은 이 매머드의 DNA를 연구하고 매머드의 유전

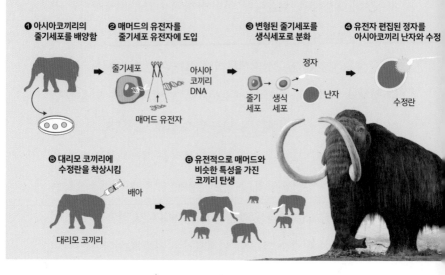

① 아시아코끼리의
줄기세포를 배양함

② 매머드의 유전자를
줄기세포 유전자에 도입

③ 변형된 줄기세포를
생식세포로 분화

④ 유전자 편집된 정자를
아시아코끼리 난자와 수정

줄기세포

아시아
코끼리
DNA

정자

난자

수정란

매머드 유전자

줄기
세포

생식
세포

⑤ 대리모 코끼리에
수정란을 착상시킴

⑥ 유전적으로 매머드와
비슷한 특성을 가진
코끼리 탄생

배아

대리모 코끼리

그림 22. 매머드를 복원하는 과정

학, 진화, 생물학에 대해 더 많이 배울 수 있는 드문 기회를 얻게 되었죠. 또 유전공학을 통해 매머드를 멸종 위기에서 되살릴 가능성에 대한 관심을 불러일으켰습니다.

2015년 이후 하버드 대학의 과학자들은 멸종된 매머드를 되살리려고 노력해 왔습니다. 이들은 유전공학과 복제 기술을 사용해 코끼리의 유전자를 매머드의 유전자로 바꾸려 하고 있죠. 매머드처럼 멸종된 동물을 되살리려는 아이디어는 첨단 유전공학 기술을 이용해 멸종된 종을 재현하는 '탈멸종' 개념에 기반하고 있어요. 매머드의 경우 털이나 뼈 등 잘 보존된 매머드 유해에서 DNA를 추출해 염기서열을 분석하고, 유전자 편집 도구를 사용해 매머드의 게 놈을 재현하는 것이 목표입니다. 매머드 DNA를 추출한 후 손상되 거나 누락된 유전자를 보완하기 위해 편집한 다음 매머드와 가장 가까운 친척인 아시아코끼리의 세포에 삽입할 것입니다. 편집한 DNA를 코끼리의 난자 세포에 도입한 다음 암컷 코끼리의 자궁에 이식하면 잡종 새끼를 임신하고 출산할 수 있게 됩니다(그림 22).

그 결과 태어난 동물은 매머드의 정확한 복제품은 아니지만 털 북숭이 털과 길고 구부러진 엄니 등 매머드의 많은 특징을 나타내 리라 기대하죠. 한 가지 주요 난제는 멸종된 동물의 DNA가 불완전 하거나 손상되어 정확한 유전정보를 얻기 어려울 수 있다는 사실 이에요. 또 생존 가능한 복제 배아가 만들어지더라도 다른 종일 수 있는 대리모를 통해 임신해야 하므로 추가적인 문제가 발생할 수 있습니다.

+++

공룡이나 도도새와 같이 멸종한 몇몇 동물이 있습니다. 어떤 과학자는 멸종위기종을 보존하는 데 이 동물들이 도움을 줄 수 있을 것이라고 말하지만 다른 과학자는 기존의 생태계를 파괴할 것이라고 합니다. 이처럼 탈멸종 프로젝트를 둘러싼 윤리적 논쟁은 치열합니다.

전반적으로 멸종된 동물을 되살린다는 아이디어는 매력적이지만, 잠재적 위험과 윤리적 고려 사항을 따져 볼 때 이런 복잡한 시도를 하는 것이 정말 좋은 생각일까요?

우리가 기술적으로 무엇인가를 할 수 있다고 해도 그것을 꼭 해야만 하는 것은 아닙니다. 매머드는 멸종했고 그들이 살았던 환경은 바뀌었습니다. 매머드를 살려내는 대신 멸종 위기의 동물을 돕는 편이 낫지 않을까요?

참고 문헌

Beatrice the Biologist, *DNA Is You*, Avon: Simon and Schuster, Inc, 2019.

De Groot, J., *Double Helix History: Genetics and the Past*, London & Newyork: Routledge, 2023.

DeSalle,R.·Yudell, M., *Welcome To The Genome: A User's Guide To The Genetic Past, Present, And Future*, Hoboken: John Wilet and Sons, Inc, 2020.

Douzou, P., *La Saga Des Genes Racontée Aux Jeunes*, Editions Odile Jacob, 1996. 《완두콩과 클론 원숭이》, 김교신 역, 두산동아, 1997.

Fletcher, H.·Hickey, I., *Bios Instant Notes: Genetics*, London & New York Garland Science, 2013.

Haga, S. B., *The Book Of Genes And Genomes*, New York: Springer, 2022.

McHughen, A., *DNA Demystified: Unravelling The Double Helix*, New York: Oxford University Press, 2020.

Parrington, J., *The Deeper Genome: Why There Is More To The Human Genome Than Meets The Eye*, New York: Oxford University Press, Inc, 2015.

Renneberg, R., *Biotechnology For Beginners*, New York: Academic Press, 2023.

Rheinberger, H-H.·Müllr-Wille, S., *The Gene: Frome Genetics to Postgenomics*, Chicago & London: The University of Chicago Press, 2017.

Rosenfield, I.·Ziff, E.·Van Loon, B., *A Graphic Guid To DNA: Molecule That Shook The World*, New York & Chichester: Columbia University Press, 2011.

Sadava, D., *Understanding Genetics: DNA, Genes, And Their Real-World Applications*, Chantilly: The Teaching Company, 2008.

Skwarecki, B., *Genetics 101*, Avon: Simon and Schuster, Inc, 2018.

Slack, J., *Genes: A Very Short Introduction*, Oxford: Oxford University Press, 2023.

Walter, J., *Heredity: A Very Short Introduction*, Oxford: Oxford University Press, 2017.

Walter, J., *Molecular Biology: A Very Short Introduction*, Oxford: Oxford University Press, 2017.

Weitzman, J.·Weitzman, M.(eds.), *30-Second Genetics*, Brighton: Ivy Press, 2017.

Williams, G., *Unravelling The Double Helix: The Lost Heroes of DNA*, New York & London: Pegasus Books, 2019.

Woollard, A.·Gilbert, S., *The DNA Book: Discover What Makes You You*, New York: Dorling Kindersley Limited, 2020.

Wünschiers, R., *Genes, Genomes and Socity*, Berlin: Springer, 2022.

기타 일반생물학 교재.

이미지 출처